U0181603

压岁钱的游戏

一位投资人爸爸
写给孩子的9堂财商课

陈景清 著

江苏凤凰文艺出版社
JIANGSU PHOENIX LITERATURE AND
ART PUBLISHING

图书在版编目（CIP）数据

压岁钱的游戏：一位投资人爸爸写给孩子的9堂财商
课 / 陈景清著. — 南京：江苏凤凰文艺出版社，
2021.11
ISBN 978-7-5594-6185-8

Ⅰ. ①压… Ⅱ. ①陈… Ⅲ. ①财务管理 – 青少年读物
Ⅳ. ①TS976.15-49

中国版本图书馆CIP数据核字（2021）第158834号

压岁钱的游戏：一位投资人爸爸写给孩子的9堂财商课

陈景清　著

责任编辑	刘洲原
选题策划	孙小野　贾博涵
特约编辑	贾博涵
责任校对	孔智敏
出版统筹	孙小野
特邀策划	郝　鹏
出版发行	江苏凤凰文艺出版社
	南京市中央路165号，邮编：210009
网　　址	http://www.jswenyi.com
印　　刷	三河市金元印装有限公司
开　　本	880毫米×1230毫米　1/32
印　　张	6.5
字　　数	130千字
版　　次	2021年11月第1版
印　　次	2021年11月第1次印刷
书　　号	ISBN 978-7-5594-6185-8
定　　价	58.00元

江苏凤凰文艺版图书凡印刷、装订错误，可向出版社调换，联系电话025-83280257

父母之爱子，则为之计深远。

——《战国策 · 触龙说赵太后》

第 **1** 章　**撕纸的快乐**

　　　　　——认识钱的本质

第 2 章 "妈妈，我们家有钱吗？"
——消费概念的确立及如何避免成为"守财奴"

第 3 章 "我们做生意去！"
——从物品交换到销售

第 4 章 "我要买玩具！"
——延迟满足，投资、理财的基础课

伴随一生却被忽略的财商教育

在中国，大部分孩子在未成年之前，钱的主要来源就是压岁钱，因此我把与女儿之间的金钱游戏称为"压岁钱的游戏"。虽然关于压岁钱本身的讨论只是本书涉及的很小的一个方面，但我想大部分中国人对钱的认识，或许就是从压岁钱开始的。压岁钱除了具有货币的特性，更多地承载了长辈对晚辈平安祝福的含义。这本书谈财商教育，也是在谈如何让下一代更加平安、幸福。

我自然也希望我的孩子能够平安幸福，可当女儿呱呱坠地，还未满月时，我这当父亲的就服从公司安排到外地工作了，近半年都未见女儿。太太全职在家，女儿的生活主要由她照顾。从外地回来后，我和太太做了一下分工，女儿的生活和学习由她照顾，我负责赚钱和陪女儿玩。女儿 2 岁之前，我只觉得看护好她是我的一种责任。随着女儿越来越大，开始跟我交流了，我才慢慢意识到女儿在我心中的分量。

爸爸、妈妈帮你保管压岁钱

我们属于中年（34岁）得女，之前每逢过年都是我们给亲戚、朋友的孩子包压岁钱，有了孩子的第一年，我们带她回老家，就得到了近一万元的压岁钱。自然，这个压岁钱无须孩子同意，就归我们所有了。孩子2岁时，已经喜欢这个红红的红包了，可是她并不知道里面钱的意义。此时我就想，难道我们就一直跟她说"爸爸妈妈帮你保管压岁钱，以后给你读书用"吗？或是等送红包的人离开后，就立马从孩子手里收走？

银行也曾邀请孩子到银行参与理财体验活动，但我知道，无非是让孩子办张银行卡，将钱存进银行里。银行的那点利息，都不够孩子买一包糖果。很多父母甚至也没想过将这点利息取出来给孩子，只是告诉孩子这个钱留着以后用于读大学。这简直成了父母将压岁钱从孩子手上"骗"走的一个手段。我自己从来没有在银行存过定期存款，活期存款的金额也是仅够日常周转，我也不想让孩子养成到银行存款的习惯。我该如何帮助孩子树立正确的金钱观念呢？

孩子上幼儿园后，开始上英语课，上了中班后开始学习钢琴，之后还有语文、数学、物理、化学等各种课程的学习。这些知识和技能，除了应付考试外，有不少长大后在生活中根本用不到。没有学过弹钢琴，我们可以不弹钢琴；没有学过打网球，我们也可以不打网球；但我们的生活、工作都离不开"钱"，甚至可以说，一个人由生到死，都与"钱"相伴。但国内小学、中学都鲜有关于财商方面的课程；校外，除了一些保险机构或银行为了推广自己的产品而做的所谓的"理财培训"外，很少有真正针对孩子财商方面的培训。而且一般情况下父母也很少意识到需要给孩子传授这方面的知识，甚至有的父母会认为跟孩子谈钱不好。

大概率来说，下一代会比我们这一代收入更高，物质生活更加丰富，用于维持温饱的开支比重可能会越来越低。可收入高了，并不一定意味着有钱；收入高了，有了新的需求，也可能意味着更高的开支。如何能让他们在经济上更加自由，让钱为自己所用，而不是为钱所困，是我们需要思考的问题。

金融知识与其他知识一样，不会随着人的长大忽然获得，只有极少部分人会在读大学时选择金融专业。因此，很多人并不清楚该如何更好地管理自己手里的钱。很多人认为的理财，更多是一种盲目的从众行为，看见别人买股票、买基金挣钱了，便也跟着去买，至于为什么股票、基金能挣钱，什么时候该进，什么时候该出，又有多大的风险，则知之甚少。从某种程度上来说，这并不是理性的行为，更像是一种赌博，这样的人最容易在股市动荡中被"割韭菜"。这不是我们希望的健康的、能长期持续的理财。那些我们吃过的亏，犯过的错误，不能再在孩子身上重演了。

纸上得来终觉浅，绝知此事要躬行

许多时候，决定我们选择的不是短时间思考的结果，而是潜意识里多年养成的习惯。正如我们开车时，遇到突发情况根本来不及思考该踩油门还是刹车，全凭下意识的动作。我们生活中的各种选择，表面上看是思考后的结果，但之所以选 A 不选 B，与我们从小接受的教育和养成的习惯有着千丝万缕的联系。

从小养成的正确的消费习惯，从小培养的金融素养，可能会对长大后的孩子产生积极的影响。

如果我们不教孩子金融知识，很有可能骗子、传销、奸商会教他一套"知识"，也可能债主或警察会"教育"他。

现实生活中有许多这样的例子：大学生用裸体自拍照换取网络贷款、被 P2P 平台（钱宝、e 租宝等）套路贷、被拉入非法传销组织、背上各种名目的高利贷，甚至还有卖肾换手机的新闻……

我有一位很熟的朋友，是从部队转业后在政府上班的公职人员，已近退休，一辈子勤勤恳恳。他转业前在部队是正团级，到地方后也在政府部门担任领导，工资待遇还是比较好的，但他的收入都来源于工资。他来自农村，日常生活中也比较节俭。

可有一天我们却吃惊地得到一个消息：他竟然将自己一辈子的积蓄借给了一个开酒店的老乡。而这个老乡借到钱后，并不是将钱拿去从事正当生意，而是用于花天酒地、打麻将和赌博。后来我的朋友生重病住院，急需用钱时，那个老乡却破产了，没有任何还款能力。我们非常奇怪我这位朋友怎么会将毕生积蓄借给这个老乡。后来得知，除了念及同乡情谊外，更主要的原因是，他贪图老乡承诺的每年 20% 的利息。如果我这位朋友有一些经济常识就会知道，没有哪一门正当生意能长期承受 20% 的利息，这个承诺注定是完成不了的。当我这位朋友贪图这 20% 的利息时，那个老乡贪图的却是他的本金。

我的这位朋友，在部队上和政府里都当过领导，阅历不可谓不丰富，但即使如此，也免不了因为缺乏金融知识而上当，更何况普通老百姓，更何况没有任何阅历的年轻人呢？我们今天对孩子进行财商教育，是未雨绸缪，今天我们付出一点儿培养的代价，今后也许可以避免孩子遭受比这大得多的经济损失。也许孩子今后没能靠这些理财方法赚很多钱，但至少教给了孩子怎样正确看待金钱，怎样能不被人骗、不栽大跟头，能有个安稳的生活，我想这对很多家长来说也足以欣慰。毕竟这世界上的诱惑、陷阱实在是太多了。

"纸上得来终觉浅，绝知此事要躬行"。那么，如何从小培养孩子正确的消费习惯、金融素养，真正让孩子实现一辈子的富裕——经济上宽裕、精神上自在？我在正文中会介绍我是如何从生活的点滴小事中培养女儿的财商的，希望能对各位家长有所启发。

让孩子从小接受财商教育，赢在起跑线

全书分为九章，大的方向是依据孩子年龄逐步成长，理解能力也逐渐加强的规律，按照年龄从低到高，采取不同的游戏方式，进行财商培训，培训中涉及的金融知识的难度也逐步加大。前面四章主要是财商教育的理念方面，第 5 章到第 8 章是理财的实践培养，第 9 章是财商教育的必要补充。

第 1 章，通过讨论"钱"这种纸与一般纸的区别，在游戏中教孩子认识"钱"。

第 2 章，通过孩子的一个问题，探讨了父母该教给孩子什么样的消费观念。

第 3 章，通过参加小区物业组织的"跳蚤市场"，让孩子认识销售，并学习克服畏难情绪。

第 4 章，通过设立一个游戏规则，来解决孩子们普遍都会有的、想要拥有许多玩具的心理，进一步延伸出财商教育的重要课程——如何正确培养孩子的延迟满足习惯。

第 5 章，开始进入理财实践教育阶段，主要讨论、实践了"复利"。通过游戏，让孩子有切实的复利感知。

第 6 章，通过实际的案例讨论，形象地和孩子讨论家庭资产配置，开始讨论投资。

第 7 章，通过让孩子担任一天代理店长，让孩子从企业经营者

的角度来初步思考企业该如何经营,思考一件商品或一项服务,真正的成本都包含哪些。

第8章,通过股票的购买案例来培训孩子在股市投资中应该拥有的概念。

第9章,这一章是想讨论在工作中兴趣、激情的重要性。这也是财商教育中不可或缺的部分。

第6、7、8章的内容,可能有部分读者会认为比较"成人化",不太适合与孩子探讨。从是否需要的角度考虑,这个问题就如孩子未成年前是否需要财商教育一样,也正是本书需要讨论的问题。知识的学习、习惯的养成都需要时间,孩子上学学的知识绝大部分也是为了成年后用的。后面这几章内容涉及的是孩子长大后真正将遇到的金融问题,如果没有教会他们怎样在资产配置、投资、理财上进行思考,只是停留在一些财商的基础概念上,这样培养出来的财商,也只是纸上谈兵,对孩子来说并没有实际用处。只有让孩子真正接触经济生活的方方面面,将理财贯彻在实际应用中,孩子学到的知识将来才能真正学以致用,对他们来说才是真正有价值的。我希望本书里的内容是有价值的内容,我的书是有价值的书。

另外,从孩子是否能理解这个角度,我认为家长不要太低估孩子。孩子从初中就要开始学物理、化学,有的孩子初中已经开始学微积分了,这些内容都不简单。因此,本书的内容对孩子来说理解起来并不会太难。当然,家长会有这样的顾虑,还有一个原因是,部分家长之前没学过相关内容，没有进行过相关思考，这些内容让家长自己都觉得有点难。如果是这样的话，本书也是一本适合家长看的财商教育启蒙书。不要给自己设限，不要先认为自己看不懂。没有人天生无所不知，但只要愿意学习，掌握这些基本内容并不难。如果有的家长在看本书之前，对这些内容都已掌握，我希望本书可以起到抛砖引玉的作用，帮助家长找到能将这些知识更好地传授给孩子的方法；如果有些内容家长之前没进行过认真思考，或者还比较陌生，那么现在开始学习也不晚。家长懂了，才能对孩子言传身教。如果有家长为了启蒙孩子的财商教育，看过此书后，不仅启蒙了孩子，还提高了自己的理财能力，那我将非常荣幸。

是否具备财商素养，在刚参加工作的前几年，可能看不出区别。不具备金融知识也许也不影响一般工作的收入，但人到了中年后，工资收入将遇到天花板。年轻人能更快掌握新的知识，能充满干劲地工作，而中年人的精力、体力都在下降，大部分人在职场中提升空间有限，挣扎在月收入 1 万—2 万元的门槛上，再想往上就很困难。或者是工资不变，却因为通货膨胀，收入是隐性下降的。随着年龄的增长，身体机能慢慢步入衰退。此时是否有一定的经济基础非常重要。这时，如果能利用前期积累的财富，再加上一定的金融知识，做到让"钱生钱"，让钱为我们工作，即使我们在床上睡觉，依然能有"睡后收入"，那么至少可以减少很多经济方面的焦虑，让自己的生活更加自在。很多工作到了一定年龄就无法从事了，面临不得不退休的境遇，但投资这件事较少受到年龄限制，而且经验的积累对投资会有很大的帮助，当然同时也需要有不断学习的能力。从这个角度来说，让孩子掌握一定的金融知识，越往后，对他的帮助越大。

那么，是否可以等到中年以后再开始学习投资呢？当然，任何时候开始投资都是有益的，但因为复利的原因，投资年限越长，复利的魔力越大。因此投资越早开始越好，学习也是越早开始越好。况且，投资这件事，光有理论是绝对不够的，需要大量的金融实践来检验，又要经过更长的时间，才能建立起自己的投资体系。可以说，让孩子从小就接受财商教育，让他们不断在生活中体会、检验，进而融会贯通这些金融知识，才算是帮助他们赢在了起跑线上。

授人以渔，才能真正"富养"孩子

孩子小时候，父母抱着孩子、牵着孩子的手前行。孩子十多岁后，更多的是由同学和老师陪伴前行。也许父母此时还会跟在身旁，但孩子已无须你牵手了。20 岁后，陪伴孩子前行的是他的恋人或结婚后的伴侣，父母只能远远地注视和祝福。因此，在孩子十几岁之前，父母陪伴孩子是最多的，这年龄也是最能培养孩子良好习惯的年龄。

在孩子的成长过程中，陪伴是非常重要的，父母在陪伴中将自己的关爱和理念传递给他们，给孩子答疑解惑，激发他们的好奇心。不要因忙于工作而忽略对孩子的关心，如果没有给予孩子关爱和正确的理念，只是给予孩子大量的金钱，反而是害了他们。

我自认为，在很多方面我都比其他父母差，比如英语、钢琴以及教孩子奥数，但我拥有比较丰富的财经知识，也在切实践行如何让钱为我工作，而不是我为钱工作。这或许是我比一般父母强的地方，因此，我希望能将我拥有的知识传授给我的孩子，尽我所能给她一个美好的未来。

第 1 章

撕纸的快乐
——认识钱的本质

沃伦·巴菲特在 2013 年接受采访时说:"我父亲是我最大的灵感来源,我从小就从他身上学到了尽早养成正确的习惯,储蓄是他教给我的重要一课。"当被问及他认为父母在教育孩子理财时犯的最大错误是什么时,他说:"许多父母会等到孩子十几岁时才开始谈论理财,其实他们本可以在孩子上幼儿园时就开始谈论理财。"

剑桥大学的一项研究发现,孩子们在 3—4 岁时就已经能够理解金钱的基本概念,到 7 岁时,与未来财务行为相关的基本概念就会形成。

我女儿 2 岁左右时,特别爱撕纸,无论拿到的是一张报纸还是一张白纸,她都兴奋地把它撕碎。有一次她抓到了一张钱,很自然地要开始享受撕纸的快乐。我看到后,赶紧拦下她,用一张旧报纸替下了这张钱。在女儿撕报纸的刺啦声中,我开始考虑这个问题:我该如何给她解释这张"纸"与其他纸是不同的,是不能撕的呢?

我当然可以跟她讲这张是"钱",钱是可以拿来买东西吃的,钱还可以买游乐园的门票,如果不买票,她就坐不了旋转木马……"钱"

是非常重要的，多少人一辈子都在苦苦赚钱，多少人因为钱失去了自尊，甚至为了钱不惜以身试法。但钱是哪里来的，又去了哪呢？当然，女儿还小，不会有赚钱压力，但我得让她从小明白钱从哪里来，钱该怎么花。

小游戏一：按摩与踩背

　　女儿4岁左右，开始学习数字了。那时我工作比较忙，回到家后，我常常趴在沙发上，这时女儿往往爱爬到我身上，这是我一天中特别开心的时刻。在享受和女儿共处时光的同时，我还是习惯性地想，如何用简单易懂的方法让女儿了解关于钱的知识呢？

　　有一次我跟女儿说："你帮爸爸踩背，踩10分钟，爸爸给你1块钱。"女儿看着我，不太明白是怎么回事。我继续解释："有了钱以后，你可以到超市买东西吃。"女儿一听到可以去超市买东西吃，立刻很开心。当然，一开始主要是可以玩。我教她用手帮我按摩脖子、按摩背，按摩脖子还可以，但她哪有力气按得动我的背啊。我就让她爬到我背上，用她的小脚丫帮我踩背。这下她可高兴了，又踩又跳的。我怕她摔倒，也不敢让她多玩，差不多10分钟后，就告诉她可以了。女儿还不干，闹着说："还要玩，还要玩。"我只得再让她玩一会儿，玩累了再休息一下。

起身后，我给了女儿 1 块钱，告诉女儿这是她的劳动收入。她妈妈在边上起哄，说着："怎么才 1 块钱？"批评我"剥削童工"。

拿到钱后，女儿更多的是好奇，对着钱左看右看，不太清楚这意味着什么。我告诉女儿准备带她一起去超市，女儿开心地说着："去超市咯，去超市咯！"我们换好外出衣服，牵着手一起去了超市。

到了超市后，女儿兴奋地拿起一样东西对我说："爸爸，就买这个。"我告诉她得先看看价钱，教她识别商品前面的价格标签，顺便教她价格签上的数字。看到价格超过 1 块，我就告诉她："女儿，你的钱不够，买不了。"我们在超市转了很久，对着超市商品上的价格签，发现都是超过 1 块钱的，买不了任何东西。

女儿的心情从兴奋转为失望，甚至有点委屈，开始不耐烦了。趁她没哭之前，我告诉她："1 块钱太少啦，买不了东西，要多赚点钱，加起来才够买东西。"

她的希望又被点燃了，便开始催我回家，要给我继续踩背赚钱，我只得回家趴在沙发上，继续"享受"按摩。连续几天，我下班回家后，都有人给我做"按摩"。她妈妈心里不平衡了，凭什么有人给我按摩她没有？于是，她也要女儿给她按摩，甚至开始"哄抬物价"，10 分钟变成 3 块钱了。

到了第四天，女儿攒够了可以上超市买东西的钱。到超市后，她特别谨慎，挑了好久，左看看，右看看，拿起来后，过一会儿又放下，最终用她的劳动所得买了一包很小包的薯片（她赚了 15 块钱）。

游戏的意义：认识钱是劳动交换的媒介

对孩子来说，最先接触到的钱的意义，就是用来买东西的，你有了足够的钱，才能在超市或者商场买到自己喜欢的东西。游戏中孩子手里有1块钱，但是超市里的薯片的价格不止1块，那么，就买不到薯片。

孩子对钱的最初理解就是"有钱才可以买东西"。那么钱是从哪里来的呢？

有些孩子，到了十几岁都还不知道钱从哪里来的，有的认为是到银行柜员机里取来的，有的认为是父母单位发的，或者是懒得思考，反正父母有钱，至于父母的钱是从哪里来的，并不会关心。就算孩子问父母这个问题，我估计大部分人也解释不清。

钱是一种媒介，商品交易的本质是劳动交换。

游戏里孩子通过"按摩踩背"明白：劳动可以换来钱，钱是劳动挣来的。挣到了钱后就可以买自己喜欢的东西。买来的商品也是劳动产生的，钱只是媒介，其本质是劳动的交换。

世上所有的东西，追根究底都不是用钱买来的，而是用劳动取得的。

也许女儿只是觉得这个游戏好玩，暂时无法获得这个清晰的概念，但潜移默化中，她还是会明白这些道理的。至于商品价格的其他组成部分,需要以后再讲解,然后再慢慢地理解。在实践中获得认知,不是书上看到的一句话,或背一段概念能比的。

生活中许多东西的根本来源其实是劳动,各种各样的服务也是由劳动提供的。人们拿出自己生产出来超过自己消费需求的部分,交换别人生产出来的剩余部分,带来了交换,而交换进一步促进了分工。分工的势态一旦彻底确定,任何人本身的劳动产品,便只能满足自己极小部分的日常需要。

而用来满足自己绝大部分需要的办法,是用本身劳动产出的剩余部分,向他人换得自己恰好需要的部分。于是每个人都得靠交易过活,或者说,在一定程度上变成了商人,而整个社会也就真正变成了所谓的商业社会。作为交易的工具,金钱也就产生了,各种物品都通过它来买卖,或者说通过它相互交换。因为商品交换需要钱这个媒介提供便利性。比如,女儿给我提供了按摩,她想吃薯片,但我并不生产薯片,因此我付她钱,她用钱去购买薯片。钱这个媒介让劳动交换便利、高效了很多。社会分工是劳动生产力最为重大的进步,社会分工使得劳动生产力得到了很大比例的提高。

有了协作就会有分工,有了分工就需要交换,需要交换就有了钱这个媒介。无论是古代最早的贝壳,还是后来的银子、黄金和现代的纸币,包括未来的数字货币,劳动交换的媒介不断变化,本质都没有变化。

不同的劳动者有自己擅长的劳动,不同地区、不同国家都有各自擅长的领域和产业,劳动者发挥自己擅长的,再去交换别人擅长的,整个社会的效率成倍提升。一般来说产业最发达进步的国家,通常也是分工程度最高的国家。

理解了钱,也就理解了分工与协作

人类社会就是一个分工协作的社会,任何一个个体都很难独立生存。理解了钱背后的劳动交换,也就理解了人类社会的分工、协作。

从原始的狩猎采集时代开始,人类就生活在集体中,与同伴协作捕获猎物、养育孩子。人类并非喜欢协作,更确切一些说,是因为人类很脆弱,不可以单独生存,依赖于协作才能生存。

一山难容二虎,是因为老虎个体太过强大,身躯强壮,几乎可以打败任何遇到的动物,所以没有组队的必要。而处于自然界中的人类,既没有锋利的牙齿和翱翔的翅膀,也没有坚固的甲壳,可以说身体方面处于劣势。人类单个个体是打不过老虎的。人类不仅打不过老虎,也打不过狮子、熊、豹等大型动物,很多人甚至连一条狗都打不过。人类绝对不是这个世界上最强壮的生物,因此人类无法单独生存。且不说能否耐得了孤独或者是否想要人陪伴,首先生存层面上就活不下去。

正因如此，人类才选择集体生活、共同抵御外敌，进行集体性狩猎、农耕、育儿，保护粮食和自身安全……

现代人从早上起床开始，使用的马桶、牙刷、牙膏、毛巾、电水壶、煤气灶、烤箱、锅，吃的早餐，穿的衣服，住的房子……一切都依赖于分工协作。

我们注定无法独自生存，就需要学会更好地和别人协作。理解钱的本质，也是开始理解和他人协作的一个路径。如何平等地和别人合作？在一个大的分工社会中，如何找到自己的优势，发挥自己的长处？这都是在孩子成长过程中需要他们逐步去理解和挖掘的。

家长担心：从小跟孩子谈钱是否合适？

有的人会认为，"那么小就跟孩子谈钱，跟孩子计算钱，会不会把孩子培养成掉进'钱眼'里的人？"我的回答当然是"不会"，我们从小对孩子进行财商教育的目的就是要让孩子对金钱有个正确的认知，要让他们树立光明正大地赚钱、花钱的正确价值观。孩子对金钱明白得越透彻，他们长大后就越能避免受到金钱的困扰，越不可能掉进钱眼里。

欲望得不到满足，才容易变得贪婪。通过从小培养，教会孩子们理性看待金钱，聪明地运用金钱，把钱看成是提高他们生活质量的工具,反而能避免对金钱的贪婪。

不要给孩子灌输金钱万恶论

在树立"钱不是万能的"观念之前,先要认识到"没有钱是万万不能的"。不回避谈钱,不要建立谈钱是庸俗的概念。中国文化里,甚至部分人会将金钱视为万恶之源。这是非常虚伪的表现——明明离不开的东西,却去贬低它。会去贬低它的人,往往就是潜意识里觉得自己很缺乏它的人。因为缺乏它,为了安慰自己,就刻意地去贬损它,好像如果不是因为钱是罪恶的,自己就会大量拥有它了一样。这不过是为自己的无能找借口。

如果你潜意识里觉得金钱肮脏,贬低金钱的价值,却一辈子要为金钱而工作,这种分裂,如何能让你工作愉快?将这样的价值理念传递给孩子,极端一点来说就是毁掉了孩子获得幸福生活的可能。

其实这个世界上的大多数问题可以用钱来解决,没钱的话,就得用比金钱更宝贵的东西去换,比如健康、尊严、时间,甚至是生命。钱不是万能的,但世界上90%的问题都能用钱来解决,剩下10%的问题,也能用钱来缓解。经济基础的提高,将极大提升你自主选择的权利。从孩子的角度说,在生活中,他可以选择吃什么口味的薯片;在学习上,他可以按照自己的兴趣、特长,选择自己喜欢的专业或者大学，无须考虑是否能承担学费。当然还有更多的选择跟经济条件有关，比如住房、医疗等。

我们需要了解经济，与金钱建立更友好的关系。有钱，可以让我们免受很多困苦，更好地享受生活，也有了更多帮助别人的能力。

曾经的世界首富比尔·盖茨，入选美国杂志评选出的"过去十年影响世界最深的十位思想家"。比尔·盖茨和梅琳达·盖茨创立的比尔及梅琳达·盖茨基金会，是全球最大的慈善基金会。

我认同网络上一句话——

在这个世界里，有三样东西是最靠得住的：一是生你的人和你生的人；二是钱；三是赚钱的能力。

金钱没有"恶"，非法获得的金钱才有"恶"。金钱是生存的必需品，过度的欲望才是真正要避免的。

小游戏二：预售十次卡

"按摩"的游戏玩了一段时间后，女儿已经从对钱完全没概念，过渡到不仅了解钱的价值，还知道了想买不同的东西需要的钱的金额是不同的，关于钱的金额加减也逐渐有些明白了，对劳动换钱、钱换物品也有了一定概念。

学数学运算的第一步，从计算钱的金额开始，这样也能提高对数学

的学习兴趣。其实我们成年人，除了一部分人工作中需要用到数学知识，大部分人大学毕业后日常用到的数学知识就是金钱的加减计算了。

接下来我准备升级我们的游戏。我打算从小给她灌输商业经营思想，在游戏中学习经商的理念。

在一次按摩结束后，我开始引导女儿给我们办卡。

"女儿，给我们办个卡吧？"

"办什么卡？"

"办一个十次卡，每按摩一次就在卡里划去一次。"

"要按摩十次啊！我不干。"

"可是办卡的时候我就提前把十次的钱——30元，都先给你了。"

女儿笑着说："那可以！"以前每次只能拿到3块钱，现在忽然可以拿到30块钱，女儿自然开心。孩子其实是很聪明的，我们成年人常常低估了孩子的智商。

接下来，我们开始一起制作卡片。给我按摩多次后，她的新鲜感已经没有了，现在对制作卡片的兴趣远高于按摩。

初识商业模式：预付费获得现金流

预售卡、预付费模式，在扩大销量的同时，可以提前获得一笔资金，还锁定了客户。不要小看这个方法，这可是很多美容院、健身房、理发店存活的基础，甚至游戏、保险等行业也采用了部分理念。

新开一个美容美发店，准备营业前，首先需要租赁一个店铺，这就需要付一笔租金和租房押金，租金往往需要至少预付三个月或六个月，甚至是一年。租房押金通常是一到两个月的租金。租好房后又要投入一笔资金开始装修，从设计到装修完成，最后到开业，至少也需要三个月。也就是说从租房到开业的三个月时间里，不仅没有任何收入，还需要投入一大笔费用。除了房租押金，还有招聘人工的开支、设备的开支等。因此很多店铺在做连锁经营、需要开很多新店时，前期需要很多资金投入。靠店铺日常流水盈利很难支撑快速开新店的资金需求。很多店主就会采取预售卡的模式，将一年的费用或多次的费用预先收取，用预付费的方式缓解资金压力。

健身房的利润之谜

健身房也是类似，除了新收一笔年卡的费用或"50次卡""100次卡"的费用缓解资金压力外，在锁定销量上也是意义巨大。

某个健身房，按照健身房的设备、面积来算，假如能容纳30人同时使用，那么在办理会员时，是否只会办30个会员？正常的健身房都不会只办30个会员，不仅是因为在一天的时间中，不可能会员都在同一时段来健身，而且是因为会有一部分会员来了几次后就不再来了——很多人去健身都是一时冲动，等办了卡后，却很难坚持下来。健身房很大一部分利润来源于这些办了卡却不去消费的客户。顾客按会员卡的次数与金额计算出的每次消费的费用，虽然是比单次消费更便宜，但在会员卡有效期内真正去消费的次数，却很可能少于能去消费的次数，最终算下来，办卡的费用还超过了单次付费的累计金额。这往往构成了商家利润的很大一部分。其实，美发店也常常是这样。

预售卡因为提前收取了资金，还获得了无利息地提前使用这笔资金等其他好处。

预售卡模式还涉及消费心理学、客户忠诚度的培养，以及如何利用提前获得的资金等方面的知识。其中锁定一部分客户，获取基础销售额，这个意义也是非常大的。当然，目前阶段女儿还不能理解那么多，但是她完全可以感受到提前获得一笔资金的快乐。

第 2 章

"妈妈，我们家有钱吗？"

——消费概念的确立及如何
避免成为"守财奴"

有一天女儿从幼儿园回来，忽然问她妈妈："妈妈，我们家有钱吗？"她妈妈愣了一下，马上微笑着告诉她："我们家有足够一家人生活开支的钱，而且还不断地在赚钱。"

　　我没明白女儿为何会关心我们家是否有钱，也许是同学间聊天触动了她。我告诉她："这是爸爸、妈妈的钱，以后你自己也会赚很多钱，而且你现在也有一些钱了。"在仓促回答完她的问题后，我也在思考，如何给她树立正确的金钱观。女儿已经大概知道什么是钱了，那么，比懂得什么是钱更重要的是拥有健康的金钱观和消费观。

　　在思考了一下后，我补充道："在你没有长到 18 岁之前，你的生活必需品的开支和学习上的开支都是爸爸和妈妈需要承担的。但是，除去生活必需品和学习的费用以外，额外的开支我们要看情况而定，有些东西可能就要用你自己的钱支付了。"女儿似懂非懂，估计她还是没理解哪些由她承担。总之让她理解我们家是有钱的就可以了，经济上的安全感是安全感来源之一，而安全感对每个人都很重要。我们也不指望通过简单对话，就能让她理解正确的金钱观。要掌握良好的消费习惯，与其说教，不如在实践中慢慢体会。

富养与节俭，选哪个？

在对待孩子的消费观念上有两种不同的观点：

Ａ：尽可能满足孩子的所有需求（女孩要富养），在各方面都给予孩子最好的。这样做，孩子会觉得得到任何东西都是理所当然的。

"只要是你想要的就跟爸妈说，爸妈都给你买，你记住，只要是能用钱解决的事，那都不是事。"

Ｂ：过多强调父母赚钱不易，要节约。无论是去饭店吃饭还是出门旅游，总是选便宜的。

"爸妈工作很辛苦的，要省着点，不能乱买东西。""我们家穷，不能跟别人比，人家是有钱人。""家里的钱都为你花了，你能不能听话点？"

这两种观点都是有问题的。拿观点 Ａ 来说，有的家庭本身经济情况并不宽裕，但是父母为了不让孩子觉得比别人差，倾全家财力去尽力满足孩子的各种要求。有时候，家长满足孩子，也是为了弥补自己小时候没得到满足的遗憾。"我不能再苦孩子了，我们不想让他尝到穷的滋味。"长此以往，会形成以孩子为中心的家庭氛围。同时父母又会觉得自己为孩子付出了特别多，产生深深的自我牺牲感，比如一些家长会说"我做的一切都是为了孩子"。然而孩子也许未必领这个情，他会认为父母为他花钱是天经地义的，如果某一天他的要求没有得到满足，他还可能怨恨父母，怨恨自己为什么不是"富二代"。我相信这样的结果绝对不是父母想看到的。

换个角度说，有的家庭确实经济条件比较宽裕，养一个孩子不会太吃力，孩子提的要求完全有能力满足。但如果让孩子产生了"反正家里有的是钱，那我就没必要再努力去赚钱"这种思想，他还能接受长大后要靠工资来养活自己的生活现实吗？如果他接受不了，回家啃老就变成理所当然。有人说："我不怕孩子长大后啃老，我的钱够他用一辈子。"且不说你的钱是否真够他用一辈子——35年前的"万元户"就算有钱人了，35年后的现在，还算有钱吗？万一遇到变故，家里没钱了，或者原来拥有的钱大幅贬值了，在这种习惯中成长的孩子，就算成年了，也没有自己创造财富的能力。而富养出来的孩子，最大的问题是缺乏对消费的自制能力，少花钱或不花钱，对他来说很困难。既不能"开源"，也做不到"节流"，就难免"坐吃山空"，"富不过三代"也很正常。

我想，谁也不会否认比尔·盖茨、沃伦·巴菲特是真正世界级的有钱人，巴菲特的儿子彼得·巴菲特曾写过一本书《做你自己》，非常有意义，建议家长朋友看一看。孩子来到世上，自身也需要不断成长，体现出自己的价值，而不是成为"宠物"。父母厚厚的钱包不要成为孩子成长的沉重包袱。

有些人在退休后，不愿意"混吃等死"，还要去开创一段精彩人生。难道我们愿意自己的孩子从一开始就失去奋斗的动力？"啃老"最消极之处并不是经济问题，影响更大的是，如果孩子成年后，心理却未随之成熟，丝毫没有奋斗的勇气与激情，也就失去了拥有自己精彩人生的能力。也许他这一辈子都不用为吃穿发愁，但这是他真正想要的人生吗？也许某一天他会后悔，会重新反思自己人生的意义。

观点B也是有很大问题的。因为金钱上的安全感，对孩子来说也是一种重要的安全感。物质和金钱的匮乏，会引发孩子心灵上的自我否定、自我贬低感，让他做什么都缺乏底气。长此以往，孩子会觉得自己不配拥有好的、美的、贵的、优雅的东西，让孩子变得自卑和敏感。

"你以为我们是摇钱树吗？"

"你从不知爸妈工作赚钱的辛苦！"

"你拥有的东西已经比我们小时候多多了。"

不少家长常说这类话，不知道父母是否意识到这些话很可能会增加孩子的负罪感、亏欠感，甚至让孩子以为自己是导致家里不富裕的原因。家长向孩子"哭穷"，本想让孩子养成节俭的好习惯，却可能带给孩子人穷志气短的心理障碍。甚至在孩子长大后，即使他的经济条件没问题了，也可能依然没有安全感，依然难以摆脱经济上的窘迫感。

女儿有一个同学，家庭经济条件很好，在一二线城市拥有多套房产。父母平时对朋友也很是大方。可是,我们发现这个孩子却有小偷小摸的习惯。有段时间跟我女儿一起参加培训,她竟然分多次偷走了女儿的好几支彩笔。我们发现后,非常惊讶,甚至不知该怎么跟她父母说。有一次共同出去游玩时,我才发现,她妈妈对自己和女儿非常节俭——在外旅游期间总是吃简餐,从来舍不得吃一餐好的。女儿要买什么东西,基本都是拒绝。女儿想买一个贵点的东西甚至被训斥,孩子在被训斥后眼里充满了愧疚和不安,低着头被拉走。孩子物质上得不到满足,这种缺失感,甚至可能演化成对自我认知的贬低。

我身边有些朋友,明明很优秀,却自我认同感极低。这让他们从一开始就失去了追求更好的工作、更好的生活的机会。有些在旁人看来挺优秀的女孩,甚至会认为自己配不上一个很普通的男孩。当然,造成这种情况的因素很复杂,未必单纯是因为小时候的物质缺乏而造成的,但很大程度上还是跟小时候的家庭教育有关,家长或有意或无意对孩子的否定、贬低、拒绝,一定是重要原因之一。

2019年3月12日,在江苏镇江句容市的一个小区里,一名9岁男童从家中高坠后身亡。据网上流传的消息,这个小男孩在学校打破了玻璃,老师让学生通知家长出钱赔偿学校公物。男孩觉得自己"撞坏"了学校的玻璃,经过周末两天的思想斗争,没敢把实情告诉奶奶,周一回到学校无法拿出钱赔偿,放学后依旧不敢告诉奶奶,经过彻夜的内心挣扎煎熬,最终选择在周二上学前背着书包从17层跳楼自尽。一张男孩手写的信笺在网上曝光，纸上写着几句话，文中汉字夹杂着拼音，还有错别字，大意如下：

奶奶，我前天把学校玻璃撞碎了，我知道要受惩罚，所以我跳楼了。

一块玻璃，赔偿的话也就百八十块，在这么点儿钱和无比宝贵的生命之间，孩子却做出了如此让人悲痛的选择。因为涉及个人隐私，无法做进一步的调查和了解，我们无从知道这孩子的家庭经济情况。但显然，在这个家庭的教育中，家长灌输给孩子的观念是有问题的。孩子不知道这个世界上除了钱还有很多更重要的东西，甚至不能正确认识金钱和生命孰轻孰重。

小时候缺失经济安全感的孩子，有一些人在成年后，会通过无节制的消费，填补曾经的空缺，经常控制不住地去买那些以前曾买不起、不敢买、不能买的东西，甚至不惜花掉所有积蓄，忽略了经济上的长远规划。这样的人生就像步入了迷宫，迷失方向后，很难走出来。

因此，A、B 两种观点都不是理性的选择。不要刻意"富养"或"穷养"，更多的是要帮孩子树立健康的金钱观，我们既需要让孩子认识到钱的意义，又需要让孩子认识到钱是靠劳动换来的。要鼓励孩子去创造自己的人生价值和社会价值，同时要让孩子对金钱抱有健康的态度，不要去无节制地消费、攀比，也不要过度压抑自己的需求，要让钱为自己所用，而不是成为钱的奴隶，更不能成为"守财奴"。

可能有的家庭经济条件确实比较困难，这时父母首先要做到人穷志不能短。不在孩子面前抱怨和哭穷。对孩子的合理要求，应尽可能满足，甚至父母可以延迟自己的享受，满足孩子的正当需求。而对孩子不合理的要求，父母要明确拒绝，并告诉孩子原因。

当然，树立健康的金钱观、消费观，光靠跟孩子语言沟通是不够的，而是需要在日常生活中让孩子感受到。这也就是为什么我对女儿采用更多的是游戏的方式，而不是说教。

小游戏三：购买生日蛋糕

通过按摩、踩背以及偶尔干些诸如扫地之类的家务挣到钱后，女儿已经开始对钱有了基本概念。在她认识到金钱的价值、懂得赚钱不易和谨慎支出后，我们又在思考如何避免让孩子成为"守财奴"。该怎样处理收入与支出的关系，这也是很多父母担心的问题。其实，更多的时候，这种所谓的担心并不是真担心，是家长不知道如何与孩子沟通，想回避问题而为自己找的借口罢了。

很快，机会来了。

女儿4岁之前，我们并没有将女儿收到的压岁钱给她，而是由我们保管。但通过平时按摩、踩背以及偶尔干些家务，女儿手头还是攒下了100多元钱，这些钱存在一个"小猪"存钱罐里。我们"很不厚道"地打起了这个钱的主意。

我39岁生日前一天，妻子就跟孩子说："宝贝，明天是爸爸生日，我们给他买个蛋糕好吗？"女儿很喜欢吃蛋糕，当然说："好啊，好啊！"妻子继续跟她说："你生日都是爸妈给你买蛋糕，你爸生日，就要用你的钱买蛋糕送给爸爸。他一定会非常开心的。"女儿愣了一下，但也很快点了点头回答："好的。"

生日当天，妻子带着孩子到了蛋糕店，取预订的蛋糕。女儿也带上了她的"小猪"存钱罐。蛋糕要150元，女儿在蛋糕店柜台上倒出了钱罐里所有的钱，数了数还差20多元。妻子弯下腰，低头跟女儿说："你把所有的钱都拿出来，还差的钱，妈妈付。"女儿看着自己存了好久的钱，大部分是硬币，也有几张纸币，一下子要全部用掉，有点舍不得。

她看了看妈妈，略带迟疑地问道："妈妈，我能先用一半吗？"

妻子十分干脆地说："不可以，因为即使用掉全部的钱都还不够买这个蛋糕，所以你需要把这些钱都花掉。"

"留一半等到你生日时再给你买蛋糕吧？"女儿的谈判策略十分高明。当然，也可能她心里想的就是也应该留一半钱给妈妈买蛋糕。

"我今年生日已过，再过生日要明年了，明年你还会有钱，可以

用那些钱再给妈妈买蛋糕。"妻子没有给女儿商量的余地。

"好吧。"女儿最后还是答应了。

晚上，女儿给我过了生日，我十分欣喜，将切下的第一块蛋糕给了女儿。这是我 39 年来第一次在自己的生日这天吃生日蛋糕。我来自农村，小时候过生日，妈妈会给我蒸一个鸡蛋；成年后，因为我不喜欢吃甜食，妻子也不喜欢吃甜食，所以从来没在自己生日这天吃过蛋糕，那天却吃到了女儿送的蛋糕。

压岁钱到底属于谁？

转年春节，女儿又收到了一些压岁钱。有了自己辛苦"赚钱"才攒下几十元的经历，忽然一下子收到长辈给的几百元压岁钱，对她来说算得上是一笔巨款。因为女儿已经懂得了一些基本的金钱概念，我们就将她出生以来收到的压岁钱总额告诉她。

在计算哪些钱属于她自己的时候，女儿跟她妈妈还发生了一次小冲突。妻子认为，收到的压岁钱要扣除我们送出去的，才能算是她的。女儿当然不干，她认为那是她收到的，就是属于她的，至于我们给谁压岁钱，又给出去多少，那是我们的事。她无法清楚表达这里面的逻辑，就是认为她收到的就应该是她的，甚至认为过年时，我们给了她堂姐、表妹的压岁钱，也应该给她一份。

当然,我们最终同意了女儿的意见,这也是为了帮助她形成独立人格。虽然从大人的角度看,给压岁钱是一种人情往来,但正如我们抚养女儿是我们应尽的责任与义务,不应该在女儿成年后要求她将抚养费返还给我们一样,我们给别人家孩子压岁钱,并不是因为我们有女儿可以收对方的压岁钱,而是情理上、风俗习惯上的需要,因此女儿有权拥有她收到的压岁钱。

　　就这样,在 5 岁时,女儿已经有了接近 2 万元压岁钱。

小游戏四: 学钢琴的抉择

　　女儿 5 岁时,周围已有一些同龄的孩子开始学钢琴了,她也表现出了一些兴趣。我们不希望她是三分钟热度,因此先带她到培训机构的琴房上了一堂试听课,回家后女儿表示想学。我们便带女儿去培训机构报名。培训机构的琴房离家不远,我们边走边交流着。

　　"宝贝,你现在可以决定学不学,如果开始学了,就不能放弃,如果不能坚持,我们就不要开始。"

　　女儿沉默着,仿佛在思考,在下决心。

　　"学钢琴挺好玩,但也挺辛苦的,每天要练琴。"

　　我继续给女儿施加压力。从心里,我是希望女儿学钢琴的,但我也知道学琴很苦,希望女儿自己能坚定决心,这样以后她便不那么容易放弃。

从女儿小时候开始,我就将她当成朋友,平等地与她对话。每次面临家庭事务大大小小的选择,我们都会征询她的意见,虽然有一些引导,但至少让她参与决策,让她有所思考,而不是单纯地告诉她:"爸妈决定了,听爸妈的话,你必须按这样子去做。"

去的路上,女儿都不说话。很快我们就到了培训机构的门前。我再问了一次:"宝贝,想好了吗?"女儿有点困难地回答了我:"那我就不学了吧。"

我有点失望,但既然她这么说了,我也只能带着女儿往回走,心里还在盘算着,如何找个机会再鼓励女儿去学。往回走时,女儿走得很慢,能看得出她是犹豫的。我拉着她的小手,她慢吞吞地跟在后面。走了一段路后,忽然女儿在后面小声地说:"我还是想去学。"我心头一喜:"好的,那我们去报名。"我有一种挑战成功的欣喜,也有怕女儿反悔的担心,立即带着她返回培训机构报名。

我们报了十节课,并且约定,不会马上买钢琴,等她坚持学习半年以后,如果还想继续学,到那时再买钢琴。

没想到女儿确实坚持了下来,因为家里没琴,我们要到培训机构的琴房练琴,不管刮风下雨,每天都去。

坚持了差不多半年后,我们又进行了一次沟通。

"宝贝,你希望买架钢琴吗?"

"我想买。"

"如果你确实想买，就要用你自己的压岁钱。"

这次女儿比较爽快地就答应了，也许是她太想要一架钢琴了，也许是她对金钱的多少还比较模糊。不仅买了钢琴，我们还为她请了更加专业的老师，一对一地上门授课。

孩子既然坚持，付出了热情与精力，我们就要好好地呵护她的热情，给她提供更大的、力所能及的支持。

在我跟女儿约定的她 18 岁前支出分担的规则中，其实买钢琴的费用，是应该由父母承担的，但我们让女儿承担了一大部分。一个原因是女儿那时对金钱的理解还有限，还未到能教她如何让金钱保值、增值的年龄，她手上的钱，如果不花出去，只会贬值，而我们手里的钱是可以保值、增值的，那当然花她的钱更合算。另一个原因是，我们希望通过她将自己的钱全部花出去的这个举动，强化她对钢琴的珍惜、对学琴的坚持。

我希望通过这些方式，让她进一步理解金钱的概念。

通过买生日蛋糕和买钢琴这两件事，我希望女儿明白钱的意义，钱最简单的意义就是它的交换功能，是用来买自己喜欢的东西，以及为亲人和朋友买他们喜欢或需要的东西的。每个人要依据自己的经济状况量力而为，既不过度消费，也不必过度节俭。

如果确认是自己想要的东西，并且自己有能力支付，那么就可以拥有它。贵与便宜都是相对的，有的人喜欢美食，为美食买单便不会

觉得贵；有的人喜欢音乐，为了自己喜欢的乐器可以一掷千金。只要是自己发自内心喜欢的，不是从众消费的，在自己有能力承担的前提下，选择那些价格更高、质量更好的东西，完全可以没问题。但要避免攀比与爱慕虚荣，知道在何种前提下去消费。

第 3 章

"我们做生意去!"

——从物品交换到销售

女儿6岁了，不能再简单地停留在给家里做点家务，或是给我们踩背按摩赚钱了。让她做这些与其说是培养财商，不如说是培养她参与一些劳动。另外，也不能让她只知道赚父母的钱，她需要去认知外面的世界，去外面挣钱。

　　我希望她能在物品买卖中进一步理解金钱的意义，理解金钱在物品交换中的媒介作用，通过钱这个媒介，实现用自己已有的去交换自己没有却需要的东西。更重要的是，我想让她开始接触销售。

销售给我开启了不一样的人生

　　社会上，有一些人对销售工作存在一定的误解。很多人看不起销售工作，甚至认为做销售是丢人的事。有些人大学毕业后，实在找不到合适的工作了，才不得已去做了销售。

　　我自己也有这方面认知的转变过程。我的第一份工作是在乡镇的政府机关，在小县城还是有一定社会地位的。在农村，这种叫"不求人的工作"，甚至是会让家里人感到骄傲的工作。后来，我离开小县城到上海打工，一开始去了一家电脑公司，获得了一份组装台式机的工作。之所以选择这个工作，是因为我感觉它还算是与技术有关，好像听起来不错。但很快就遇到了问题——这个工作即使我干得再熟练，工资也不可能大幅度提高。而当初离开老家到大城市闯荡，我的目的就是要多赚一些钱，改善家庭的经济状况。可这份组装电脑的工作，收入离我的目标太远了。而之前我在政府机关的工作经历并没有让我学到什么实质性的技能，如果我现在辞掉这份工作，除了到工地搬砖，我实在不知道自己还能做什么，虽然当初离开老家时，我也确实做过"实在不行就去工地搬砖"的心理建设。

底线思维，是我一直以来的思维方式，如果连最差的结果都能接受，再去做选择就没有什么可怕的了。虽然如此，我也不能一开始就把目标设在底线，我还是得挣扎一下。

在上海待了几个月后，除了会组装电脑，学会了一些简单的电脑维修技能外，我发现好像只有销售这个岗位对雇员的工作经验没有太高要求。当我将这个想法跟女朋友，也就是现在的太太说时，她直呼不可能。在她眼里我是一个"眼睛朝天看"的人，所谓"眼睛朝天看"，就是比较高傲的意思。她认为我是不可能去做这种"求人"的工作的。在她看来，我每月工资能比在老家时多上几百元她就满足了，而那时我组装电脑，每月工资只有 500 元。她觉得再加上她做小学教师的几百元工资，我们就可以一起过日子了。可是我知道这不是我要的，如果只为每月多几百元，我没必要跑来上海，在老家就很好。最终，我去找了这家电脑公司的老板，表达了自己希望调去销售部门的想法。老板对我提出的这个想法感到奇怪，我表示如果不能将我调去做销售，我只能离开公司，去另外找一份销售工作。老板犹豫了一下，还是找来了销售部门负责人，告诉他我想做销售，可以安排到公司在科图电脑城的一家店里。不知为什么，这位负责人非常反对我做销售，直接撂下狠话："如果陈景清能做好销售，我辞职！"至今我都不明白，他为何那么不看好我。但可能是因为老板不希望我辞职，还是坚持调我去做销售了。

我立即被调到了公司在科图电脑城的一家门店，担任销售员，也就是推广、介绍产品的人员。我特别珍惜这份销售工作，当其他同事在用公司的展示电脑埋头打游戏时，我都在接待顾客，一有顾客进店，我就积极地迎上去介绍。那时候是20世纪90年代，电脑还是比较稀缺和珍贵的东西，很多顾客对电脑还很陌生，也就愿意听我的介绍。

顾客购买产品后，还涉及送货、安装、调试等问题，那时候的顾客不像现在，是不敢自己把电脑拿回家自行安装的，基本都需要公司安排送货，就算电脑自己拿走，也需要技术人员上门安装，并帮忙安装一些他们需要的软件，无非也就是办公软件和一些游戏。这时，我的优势就凸显出来了。我学过组装电脑，能大体判断电脑故障及进行简单维修。当然，所谓的维修就是更换电脑配件，对上门帮客户将电脑连好电源、开机、安装一些软件等工作自然更没问题。

于是，其他销售员卖出去的电脑，需要让公司另外派人上门安装，而我卖出去的电脑，我可以自己上门帮客户安装。从客户角度说，他当然希望接触一个人就能帮他全程搞定，肯定不希望再换一个陌生人来服务。再加上正常情况下，公司派的服务人员只在工作日提供上门服务，而我任何时间都可以，甚至能在晚上上门更好，这样我白天还可以在店里卖电脑，这也省得客户专门为此请假了。因此我常常是白天卖电脑，晚上上门帮客户安装，客户遇到软件、硬件问题都打电话找我。双方都很满意。而公司也很高兴，因为我卖出去的电脑不需要再安排其他技术服务人员。

很快，从我这里买过电脑的客户就开始介绍身边的同事、朋友来了。我在那个店当销售员的第三个月，就创下了这个店开业三年来的单月销售额最高纪录。后来，那位不相信我能做好的销售负责人真的辞职走人了，我在做销售的第四个月成了这家电脑公司的销售负责人。

从卖电脑开始，我走上了销售道路，并在这条道路上越走越远。后来我离开这家电脑公司，又到了一家工业品公司，一开始做基层销售人员，后来逐渐接手管理几百人的销售队伍，直至成为这家公司的总经理。做了几年总经理后，我40岁了，古人说四十而不惑，而我在40岁左右特别困惑——难道我就这么一直干下去，直到哪天公司淘汰我？或是只要老板没赶我走，我就这样挨到退休？我感觉自己的发展停滞了、受限了，便想着重新挑战未知领域。在42岁生日的前几天，我从工作了近15年的公司辞职了。

销售工作，给我开启了不一样的人生；改变了我的经济状况；改变了我孤傲不善沟通的性格；让我走上了公司更高的管理岗位，从而获得了更多的工作历练；让我积累了资金；使我获得了对行业、对公司的分析能力，为我后面从事投资事业打下了基础。

其实，在各行各业，销售和市场营销都是非常重要的。没有哪一个企业能抛开销售和市场营销。在我们身边，有许多非常成功的企业，而它们的创始人除了是某一方面专业人才外，往往也是营销高手，比如苹果的乔布斯、特斯拉的埃隆·马斯克、阿里巴巴的马云等，他们都是非常出色的营销高手。好的营销，需要有良好的策划能力、交际能力、沟通表达能力、谈判能力、组织能力、抗挫能力，还可以培养坚强与自信的性格。这些能力不仅工作中需要，在求学过程中也是需要的，如参加学校的招生面试、论文答辩，等等。甚至成家后，为了让家庭和谐，需要与配偶沟通，与孩子沟通，都离不开这些能力。很多家庭矛盾，其实并不是有什么根本性问题，有时候就是因为家庭成员之间沟通出现了问题，才会从一些小事上的意见不统一，延伸到相互攻击，进而导致感情破裂……

说了这么多，我想强调的是，有了能力，在各个方面都可以找到施展空间，工作与生活也不能完全隔离，销售技巧不仅可用于工作，也可用于生活。

　　前面讲了这么多销售的重要性，销售跟财商有关吗？当然有关。财商是对经济的一种认知能力。在经济中，商品贸易就是最重要的一环。我打算培养女儿从基本的卖东西开始，体验如何招揽客户、如何与客户谈判、如何把握客户心理、如何把握机会及时成交，让她体验一下生意成交后的获得感。

小游戏五：体验跳蚤市场

　　没过多久，社区正好有个跳蚤市场的活动，我开始鼓动女儿："明天小区有个换购活动，可以将自家用不到的东西拿去跟人交换，也可以卖钱。我们也整理一些东西去卖吧？"反正有的玩，女儿欣然同意了。我们便开始整理可以拿去卖的物品。女儿拿着这个，看看那个，都有点舍不得。最后挑出来一两件，都是实在不好玩的东西。

　　我开始开导女儿："你想不想看看其他小朋友都有什么好玩的？"

　　女儿蹦蹦跳跳地说："想啊！"

　　我马上告诉她："想得到别的小朋友的东西，我们就得用自己的东西去换，所以你要拿出一些有吸引力的东西去跟别人换。你可以保留你最喜欢的，只要不是最喜欢的，即使舍不得，也要拿一些出来。

否则，如果你拿出来的都是一点儿都不好玩的，别的小朋友是不会和你换的。"

我拿出好几件东西问女儿："这个玩具你好像不怎么玩了吧？我们把这个也拿去吧？"虽然女儿有点依依不舍，但最后还是同意了。就这样，我们整理了一堆玩具和书籍。

在货币出现之前，人们都是以物易物的。

第二天一早，我们就到了物业指定的一个商业街区，因为时间还比较早，我们就占据了一个核心位置，将整理好的物品摆放整齐。陆陆续续地，有一些小朋友也带着东西过来了。此时，除了摆摊的人之外，来的人还是比较少的，可能因为是周末，许多人还都未出门活动。

女儿抱起一个布娃娃，就去别的摊子上看其他人带来的东西了，摊位让她妈妈帮忙照看。我在她后面跟着，看到她一个摊位一个摊位地看过去，最后在一个摊位前停了下来。女儿看中了一个布娃娃，她就想拿手上的布娃娃去跟人家换。可是，那个小朋友摇了摇头，不愿意跟她换。女儿有些失望地走开了，继续去其他摊位看东西。

可能是因为刚才人家不愿意跟她交换布娃娃，她受了打击。

"爸爸，人家不跟我换东西怎么办？"女儿情绪低落地抬起头来问我。

"碰到你喜欢的某样东西，而人家也恰好喜欢你的东西，是很不容易的。你可以将你的东西先卖了，换成钱后，再用钱去买你看中的东西，这样就容易多了。"我认真地回答了她。

这下女儿不再逛了，马上跑回自己的摊位，准备卖东西。我们商量了一下物品的价格，为了便于记忆，我们决定每件都定价 10 元。

我进一步明确地告诉她："今天卖东西得到的钱，你可以拿出一半，去买你想要的东西，另一半先存起来，当然，这笔钱也是你的。"

女儿点点头，眼睛开始转来转去观察，希望有人来买东西。可是，现场虽然比刚才多了几个人，但还是没什么人到我们这边的摊位来。

她妈妈在旁提醒她，可以吹哨子（出门前，我们带了一个小哨子），把人吸引过来。女儿把吊在脖子上的哨子吹了起来，果然有几个人往这边看过来。有两个小朋友走到我们摊位前，但不知道是因为拘谨还是什么，很快又走开了。我们只得继续想招揽顾客的法子。这时女儿摆弄起她的一条玩具蛇来，这是一条竹子做的玩具蛇，非常逼真。

女儿一边吹着哨子，一边摆弄着手上的玩具，果然有一个小朋友跟他妈妈走来了。小朋友拿起一个玩具，女儿看向我们，但我们并没有说话。

"小朋友，你这个玩具卖多少钱啊？"那个小朋友的妈妈问了。

"10 块。"女儿小声地说了一句。

"好的，给你钱。"那位妈妈很快拿出了 10 块钱给了我女儿，女儿接了过来，还小声地说了一声："谢谢！"女儿脸上没有表现出高兴的样子，我估计她应该是有点紧张。

那对母子买了东西后就走开了，这时候女儿把钱拿给我们看，才露出了笑容。我和她妈妈之前故意站得离她有一些距离，就是想让她独自一人完成这个交易。

这时我们都靠近了她，蹲下身子，对她表示祝贺："女儿，你太棒了！这是你第一次做成了生意。"我们还拥抱了她，她非常开心。

之前帮我们踩背、做家务，出卖的是她的劳动力。而今天这个物品售卖，用的不是她自己的体力，而是进入了商品交易，已经开始用到脑力了。

有了第一笔生意的成功经验后，女儿也更有信心了，我们开始商量促销方案。一件玩具 10 元、一本书 10 元，如果有人看中了两件以上的东西却有些犹豫时，就可以告诉对方，两件一起买，给 15 元就可以。女儿又继续卖东西去了，过了一会儿，一个老爷爷带着一个小朋友走了过来，小朋友很快看中了一个娃娃，对一本书也似乎有点兴趣。女儿依据刚才我们商量过的促销方案告诉他们，如果买一件要 10 元，但既买布娃娃又买那本书，15 元就可以。很明显，这次女儿说话的声音大了许多。他们付了 15 元，把布娃娃和那本书买走了。

两个小时后，活动结束了，女儿一共卖了 75 元，取得当天活动业绩第二高的好成绩。而且活动期间，我们作为家长，并没有刻意让邻居或朋友去买她的东西，每一笔业务都是她自己促成的，是真实的业绩。

一开始我们就和女儿说过可以将一半的钱拿去选购她自己喜

欢的东西,可是因为她忙于做生意,并没有顾得上去买东西。不过,即使她没有买东西,仍旧感到非常快乐,这个快乐可能超过买一件玩具。

这种换购活动,我们当然不指望能教会女儿真正的商业经验,但这种实践,可以让女儿对商业有一些简单的认知,意义远大。在实践中培养女儿的商业意识,效果远远超过说教或看书。那种对与陌生人沟通的畏惧,在卖货的时候女儿表现得淋漓尽致,说话的声音小到估计对方都很难听清,但很快她就克服了。这种换购活动,后来我们又参加了几次,甚至有一次是面向街坊邻居的跳蚤市场,我们也挑选了一些物品参与。这些活动很好地帮助女儿克服了面对陌生人时的腼腆和胆怯,也锻炼了她与人讨价还价的能力。

这种对陌生人开口表达自己的看法和诉求的情况,除了商品买卖外,以后在其他场合也会经常遇到,是需要培养的一项非常重要的能力。

小游戏六: 竞选大队委

在女儿小学三年级时,我们鼓励她去竞选学校的大队委员。一开始她非常犹豫,她问我:"爸爸,如果我参加竞选,但是选不上怎么办?"

"如果选不上，你会有什么损失吗？"我反问她。

女儿一时回答不上来。我进一步开导她："即使选不上，你就当成玩了一个游戏，不仅不会有任何损失，而且这个过程还很有趣，很好玩。我们只要注重这个过程，认真准备，无论是否选上，我们都是开心的。"

在我们的鼓励下，她迈出了这一步，当着许多同学的面去演讲，到不同班级中去拉票，喊出自己的竞选口号，还拍了演讲视频去播放。开始正式投票前，我们还自己制作投票箱，花了许多时间。非常幸运的是，在三年级有 9 个班、只有 4 个大队委员名额的前提下，女儿竞选成功，成为组织委员。

学会销售，让孩子从小克服畏难情绪

换购活动的小掌柜宣传的是自己的商品，竞选活动宣传的是自己，在宣传和推广方面，本质是一样。找出自己的商品或自己的优点，进行包装与宣传，在公众前演讲、介绍。面对冷场、面对拒绝，不灰心丧气，努力让自己脱颖而出；在面对陌生人的时候，不害怕、不回避，积极地表达自己，争取更多的支持。

女儿成功竞选为大队委员后，学校会安排各种各样的活动，大队委员要承担部分工作。包括每周有一天要在校门口站岗，检查同学们戴红领巾的情况，对没佩戴或者没穿校服的同学提出警告，并登记他们的班级。在班上还需协助班委进行选举，参加学校的升旗仪式、校运动会等活动。这些活动进一步锻炼了孩子们的沟通能力、组织能力，也带给了孩子自信，让孩子拥有满满的自豪感。勇于争取、勇敢表达、不怕困难，这些都是能够让孩子受用一生的礼物。

女儿因为三年级成功竞选过组织委员，四年级又竞选了大队学习委员，在四年级升五年级时，还去参加了另一个小学的招生考试，并幸运地获得了这个入学机会。

在新的小学，她又去竞选中队长，可能因为是陌生的班级、陌生的同学，她落选了。但第二年，她依然鼓起勇气继续参加竞选，这一次她成功当选了中队长。

6岁参加换购活动时，面对陌生人能勇敢推销产品，还有三年级时第一次参与竞选活动的经验，给她带来了自信。这种积极健康的心理，将会一直伴随她的成长，在成长过程中给予她滋养。

许多人在困难面前都会畏缩，这畏缩会让我们失去许多机会。只要勇于尝试，其实我们拥有的克服困难的能力，往往超出自己的想象。在成年人的世界里也是非常明显的，面对陌生人的推销，很多成年人都开不了口拒绝。在公众面前演讲，更是让很多人打了退堂鼓，这种畏难情绪其实非常限制自身的发展。

第 4 章

"我要买玩具！"

——延迟满足，投资、理财的基础课

周末时，我们常常一家人开车出门旅行。就算不是周末，平时晚饭后，我们也经常出去走走。

女儿特别喜欢布娃娃，从小家里就有很多布娃娃。在外面看到布娃娃或其他好看又有趣的商品，女儿总是嚷嚷着要买。无论是好吃的还是好玩的，路上看到卖气球的、卖糖葫芦的，或是其他什么可爱的小动物，都想要买。夏天，有时候刚刚吃过一个雪糕，再看到奶茶，依然会想喝。我想，应该不只是我女儿如此，其他许多孩子，也是这样的。

我既不希望满足她的无限需求，也不希望简单地以"这个不能买""那个太甜了，不能吃""准备要吃饭了，不能再买零食吃！"等理由拒绝她。如果简单拒绝，那么每次拒绝一定会产生不愉快，出门游玩就变得不快乐了，可能最终女儿还会哭闹。我更不希望以没钱为由，让她觉得我付不起，不想因此在她心中变成一个穷爸爸的形象，这也容易让孩子自卑。

经过权衡，我想把许多人在培养孩子的过程中都会遇到的这个问题,变成孩子财商教育的一个方面。我把是否购买的决定权交给女儿,由她自己做出决定,而不是由我或者她妈妈来决定。

一场平等的家庭会议

女儿6岁,开始上小学了,也能跟我们很好地沟通,可以讲道理了。某天,我们召开家庭会议,会议参与人有女儿、爸爸、妈妈、爷爷和奶奶。在会议上,我提出:"以后每个周末如果出去玩,每到一个地方,都允许女儿买一个玩具。"女儿表示很高兴,拍着手说:"好啊,好啊!"我看着女儿继续说:"如果你要购买超过一个以上的玩具,我们也同意,但是要用自己的钱。"女儿这下不拍手叫好了,不过,也许她认为每次都可以买一个玩具,已经很好了,所以她没反对。外加她自己也有一些钱,所以还是有底气的。这时女儿提出:"那买东西吃呢?"我问女儿:"那你的意见呢?"女儿说:"那是不是吃东西超过一次的,也要我自己付钱啊?"我们一家人都笑了,我告诉她:"三餐肯定是爸妈付钱。但饭后的零食,如果不是爸妈或爷爷奶奶准备的,是你自己额外要吃的,也只能最多购买一次,超额的就要你自己付钱了。"之后我又补充道,"如果不是出去旅游,而是在家附近闲逛时,除非爸爸、妈妈、爷爷、奶奶主动给你买的,否则无论是玩具还是零食,只要是你自己额外要买的,都要你自己付钱。"家庭会议结束后，女儿并没有不开心，相反还是挺开心的，毕竟规定了每次出游都可以买玩具。

小游戏七：买玩具的权利

很快就到了周末出游的时间，这次我们一家人到了南京附近的天目湖游玩。我们开着车从南京出发，一路上女儿都很兴奋。

不知不觉就到了景区停车场，我们停好了车，走出停车场后，发现景区周边卖各种玩具、小吃的很多，女儿东看看西看看，觉得很多东西都好玩。她又看到了一个毛绒玩具，抱在怀里爱不释手。她抬起头，看着我，显然是想要买这个毛绒玩具。因为这是事先约定好购买玩具规则后的第一次出游，我想她还没什么概念。趁她还没开口，我蹲下身子，提醒她："你要想清楚，你只有一次购买机会。你确定要买吗？"女儿依依不舍地放下了。又到了另一个摊位前，这个摊位卖的是那种用铁线扎的自行车，女儿平时会骑儿童自行车，因此也觉得很好玩，在摊位前看人家扎了很久。但这次没有让我们提醒，她看到人家扎好一个自行车后，就离开了。又看了一些其他的玩具、手工艺品之类的，直到我们去坐游船，女儿都还没舍得使用自己的权利。如果没有之前的约定，估计在第一个毛绒玩具摊位，她就提出要买了。但因为这个只能买一件玩具的约定，女儿一直都没下决心买

哪一件。

乘游船后,我们去吃了午饭,并特意让女儿选了自己爱吃的东西。离开前,又到了景区边卖小商品的地方,女儿重新开始一个摊位接一个摊位地逛过去。我明白女儿的想法,不能浪费一次买玩具的权利。她在看了几个摊位后,被一个可以背在身上的、蝴蝶翅膀造型的玩具吸引了。这次她很快就作了决定,就买这个。我很爽快地给女儿付了钱,帮女儿穿戴上,她在草地上跑来跑去,开心极了。玩累了,她妈妈又去买了一个雪糕给她吃,也算是奖励她今天第一次在买玩具上做出的理性选择。

"想要"和"需要"的区别

让孩子明白想要和需要之间的区别是很重要的。

我知道,今天这个看似不起眼的习惯实践,对她的一生都会意义非常重大。这不仅是为了解决我们父母面对孩子买玩具的两难选择,更是为了让孩子实践如何有节制地消费。女儿的布娃娃有很多,其实再多买一个,第二天可能她就忘了,也不会有什么特别的记忆。而最终购买的这个蝴蝶翅膀造型的玩具,她肯定会从中得到不一样的乐趣。当然,最主要的是,她经受住了从上午到下午那么多商品的诱惑,最终只选择了一件。这一件至少是她在对比过后,这次游玩中最喜欢的。从这次以后,我们再没出现为了买玩具而闹得不开心的情况,这大大提升了我们出游的心情愉悦指数,让我们有更多的时间、更好的心情去欣赏美景,而不是陷入买玩具的争执中。

很多家庭出门旅游,没有获得愉快的心情,有时候矛盾就出在买玩具这种小事上。一到景区,周边琳琅满目的小商品马上吸引了孩子的目光,接着孩子与家长就因该不该买某个商品出现争执。真正的旅游还没开始,已经吵得鸡飞狗跳,接下来的一天都可能陷在这种不愉快的气氛中。有些时候,孩子可能已经转移注意力了,大人却还在赌气,甚至是孩子的父母与长辈们因观念不同发生争执。孩子的父母怪长辈们太宠孩子了,或大人们从该不该买哪件玩具,升级到了谁说了算,谁有决定权之争。

把孩子当朋友,把选择权还给孩子

把选择权、决定权交给孩子,不仅可以用在购买玩具上,孩子是否去看电影,看什么电影,什么时间写作业,买什么衣服等,都可以沿用。在涉及孩子的事情上,尽量让孩子从小就参与,并且引导他们表达出自己的意见。如果孩子的意见,父母觉得并没有什么大的不妥,就尽量以孩子的意见为主。这样孩子也会学着为自己的决策负责。勇于决策,勇于承担后果,这也是财商培养中很重要的一方面。

当然，这种习惯与心理素质的养成不只是在财商方面有意义，在工作与生活方面都意义深远。

女儿在小学四年级升五年级时，面临一次选择学校的机会，在这个机会来临时，我们也是首先征求女儿的意见，女儿在思考后做出了选择，新的选择也意味着会让她承受更大的学习压力。但也正因为是她自己的选择，她更加自觉地去承担了这个压力。最终她在小升初时考入了全国最好的中学之一——南京外国语学校。

父母把选择权交给孩子，既不是父母独断专行，也不是简单地放任不管，毕竟孩子成年前掌握的知识有限、信息有限、思考能力也有限。父母更多时候是起到引导作用，引导孩子思考，跟孩子一起分析利弊，参与到孩子的选择过程中。

延迟满足是财商培养的重要一课

买玩具的选择权交给女儿后，这么多年来，女儿没有一次购买超过一个以上的玩具。有时候在选择中，她没遇到自己特别喜欢的，也会为了使用这个权利，随便挑选一个玩具。为了避免她总是要将这个权利用掉，我们做了一个补充约定：如果这次没使用这个玩具购买权利，可以积攒到下次使用。这样女儿就不会为了买而买，而是遇到自己真正喜欢的才买。有了这个约定后，女儿不仅是在单次旅行、单个旅行目的地中进行选择，她学会了分析自己的需求，如果不是特别打动她的，她就把权利积攒起来，下一个目的地或下一次旅行再用。这种"积攒"的习惯，才是我们希望她养成的重要习惯。

当积攒了很多个权利后，有一次我们去日本游玩，她就买了很多自己喜欢的玩具。由于用的还是她积累的权利，所以几乎没动用自己的钱。有时候去旅游，她已经学会偶尔用自己的零花钱买些零食请我们吃。

除了自我选择、自我决策的训练外，这个过程中培养的"积攒"习惯，其实就是延迟满足，是我们特别看重的。我非常高兴女儿在第一次拥有玩具选择权时，就经受了延迟满足的考验。

延迟满足是指一种甘愿为更有价值的长远结果而放弃即时满足的抉择取向。

投资的前提是要有资本，而拥有资本及资本增加的前提是"积攒"，也就是要节俭。虽然我们说要有钱的前提是劳动、是工作，但不论劳动、工作赚了多少钱，如果没有"积攒"，没有节俭，而是消费掉，便不可能有资本基础。资本增加的关键因素之一是节俭。劳动创造了钱，但是不管劳动可以创造多少钱，如果没有节俭加以储蓄或贮存，钱就不能最终成为资本。

延迟满足的前提是自律，自律能力可能是富人区别于穷人、管理者区别于普通员工、成功人士区别于失败者的最主要特征之一。看到一篇别人的总结，我觉得挺有道理，他将人分为 6 个级别：

领袖级：感恩、远见、自律；

领导级：赏识、包容、奉献；

英雄级：主动、创造、成就；

强人级：勇敢、挑战、改变；

常人级：羡慕、嫉妒、仇恨；

微弱级：抱怨、牢骚、纠结。

在领袖级的三个特质中，就包含了"自律"。

在女儿购买玩具的过程中，因为我们给了她选择权，所以她才有自律。只有自发自愿的延迟满足，才能真正形成让孩子受益的能力。如果每次她要买玩具，都是由大人来决定是否购买，就不是"自律"，而变成了"他律"，由大人来做选择和限制，由大人来控制，而不是由孩子自己来控制自己的欲望。

有些父母在孩子长大后，批评孩子不自律，其实他们没有意识到，孩子的不自律，正是因为他们从小剥夺了孩子"自律"的权利。什么事情都是由父母做主，让孩子怎么自律？所有动物，包括人类，都有迅速满足自己欲望的天性，而拥有了自律的能力，才能让人为了更有价值的长远目标而进行自我约束。

培养孩子的自制力，而不是对他的控制力

有些人对延迟满足的培养有很深的误解，以为延迟满足是通过父母控制孩子来培养的。有一次，我陪女儿参加一个小朋友的 6 岁生日聚会，到了聚会地点后，发现除了过生日的小朋友和我女儿，还来了 5 个小朋友及 5 位家长。一大桌人一起吃饭，蛋糕放在旁边，大家决定先吃正餐，等正餐撤去后再上蛋糕、唱生日歌，这是个很常见的生日聚会仪式。结果，在大家刚开始准备吃饭时，有一个小男孩就跑到蛋糕那儿，去解蛋糕盒，闹着要先吃蛋糕，不肯吃饭。男孩的妈妈大声呵斥他，非常尴尬地说："这孩子，不能等一等吗？怎么那么没有自制力！"但这个男孩没有听妈妈的话，依然去拿蛋糕。他的妈妈非常生气，伸手去拉孩子，差点儿要打孩子。主人也有点尴尬，只好说："要不就先吃蛋糕吧？"男孩的妈妈当然不能同意了，说："一定要让这孩子学会延迟满足，坚决不能答应他。"最后，孩子妈妈威胁孩子，如果不听话，就要带他先离开，孩子才不情愿地坐回座位。男孩妈妈对一桌人充满了歉意，尤其是对举办生日聚会的主人。

孩子的妈妈非常苦恼和无奈，说这个孩子性子特别急，无论是他喜欢吃的，还是想玩的玩具，总是要第一时间得到。而孩子的妈妈为了培养孩子的耐性，孩子越想得到，她越是不急着答应，孩子就越闹得厉害，每次都闹得很不开心。

其实这孩子的妈妈误解了"延迟满足"的意思,"延迟满足"的本意不是控制、阻止孩子,而是要将选择权交给孩子,尽力满足他的需求。首先,孩子愿意延迟满足需求是要孩子自己主动选择的,延迟的条件是可以获得更好或更多的物品,孩子才能自愿,从而真正形成让孩子受益的能力。其次,孩子选择后,父母一定要守信用,只有遵守承诺才能赢得孩子的信任,让孩子觉得等待是值得的。如果父母承诺后又找个理由拒绝履行承诺,孩子对父母的信任感就被破坏了。比如上面生日聚会那个例子,那个男孩的妈妈如果能一开始跟孩子好好地沟通,告诉他吃完饭后再吃蛋糕,还会有生日聚会游戏,他可以跟小朋友们玩得更久,但如果一开始就吃生日蛋糕的话,那么吃完蛋糕就得回去了,我想这个孩子为了跟小朋友们玩得更久,也会选择饭后再吃生日蛋糕。

财务自由的前提是先情愿不自由

投资,归根到底是推迟今天的享受,来换取明天及未来的享受。因此,延迟满足是投资中最重要的一课。延迟满足是所有投资的起点,如果将每一笔得到的钱都花光,财务投资就无从谈起了。财务自由的前提是先情愿不自由,也就是保持自律与节制。很多人幻想着财务自由,却从来不控制自己的欲望,每个月都是"月光族",真不知道财务自由怎么才能从天而降。就算某天买彩票中了个特等奖，很快也会重新回到起点。据不完全统计，美国彩票中奖者的破产率高达 75%，每年 12 名中奖者中就有 9 名破产。大多数头奖得主在中奖后不到 5 年内，就会因挥霍无度等原因变得穷困潦倒。

维基百科上有一个美国彩票中奖者命运的经典案例：杰克·惠特克，家住美国西弗吉尼亚州，是一位建筑承包商，之前一直过着平静的生活，没想到有一天会靠买彩票一夜暴富。

2002 年圣诞节，他在一家超市吃早餐时，购买了一注 100 美元的强力球彩票，想给节日添点彩头，没想到从此以后他的人生轨迹会彻底改变。

那一次，他中了 3.14 亿美元的超级巨奖，打破了当时的强力球彩票最高中奖纪录。老爷子选择将彩票奖金一次性取出（税后为 1.1 亿美元），而且喜不自禁的他也没忘记回报社会，直接捐出了 10% 的奖金给基督教慈善机构，资助了几个教堂，其中包括一座遭受飓风灾害的价值数百万美元的教堂。他还拿出 1,400 万美元成立了惠特克慈善基金。此外他还送给当时卖他彩票那家超市的经理一套房子、一辆崭新的大切诺基，以及一张 44,000 美元的支票，作为对自己的感谢。之后，他开始放飞自我，拿着钱到处招摇，整日出没于夜总会、赌场……

金钱迅速改变了他，也腐蚀了他的家人。他 16 岁的外孙女布兰迪不断地向他要钱，宠爱外孙女的老爷子也没有拒绝。外孙女拿着钱和男友耶西·特里布尔到处逍遥,很快就染上了毒品。2004年9月,特里布尔被发现因吸毒过量死在家中,布兰迪也患上了忧郁症,离家出走。三个月后,她的尸体在一个偏远村庄的小树林中被找到,被一块塑料防水布包裹着,扔在一辆垃圾车后面,尸检时在她体内发现了大量可卡因和美沙酮,但死因并未完全确定,也没有人被指控犯罪。老爷子悲痛万分,怀疑外孙女是死于谋杀,指责当地执法机关办案不力。但她的死也没能将外公从堕落的轨迹上拉回来,他开始欠下债务,官司缠身,麻烦接踵而至。之前经营的惠特克慈善基金因为管理不当,已经破产。凯撒大西洋城赌场起诉他,说他假造150万美元支票弥补赌博损失。2006年,一伙小偷窃取了他的12张支票,将他偷得近乎破产。2007年,他被夜总会起诉欠债70万美元。2009年,他42岁的女儿金格·惠特克·布拉格在西弗吉尼亚身亡,警方怀疑存在他杀的可能性。2016年12月,一场大火又吞噬了他的家,将房屋完全烧毁,所幸他和妻子当时不在家,躲过一劫,但房子没有买保险。

　　经历了人生的大起大落,惠特克面临的是幻灭后的一地鸡毛,憔悴万分的他说道:"当时应该把那张万恶的彩票撕掉!"为了糊口和还债,72岁的他还在工作,10年经历了8次胰腺癌手术,医生告知他最多还有10年的寿命。仅仅用了6年时间,他就从买中彩票大奖到家破人亡。

　　偶然得到的金钱并不能带来真正的财富。如果没有养成良好的自律习惯,意外横财不仅不能帮助到你,反而会害了你。自律的人,看似日子过得辛苦，却因为这种"辛苦"，获得了更多选择的自由和说"不"的底气。

玩具选择权交给女儿，让她在经过利弊分析与权衡后做出判断和决定，这种自主选择的自律体验与延迟满足实践是投资的基础课。在今后的实践中，尤其是在投资上，会让她进一步认识到延迟满足带来的好处。

第 5 章

"钱会生钱吗？"

——10 周岁时给她 1 万元，退休时会变成多少？

女儿6岁的那年，我们回老家过年，带的现金不多，结果在给亲戚、长辈、同学以及朋友拜年串门的过程中，因为包各种各样的红包，竟然将手头的现金都用光了。等到我们要返回南京时，才发现手头的现金已不够我们开车回南京路上需要交的过路费。当然，这时候我们可以拿储蓄卡去银行取钱，但这时候我却打起了我女儿压岁钱的主意。我们回家过年花了接近1万元，但女儿却收入了5,000多元的红包，钱都"转移"到了女儿手上。作为一个讲理的父亲，我不会用"爸爸帮你保管"之类的借口去骗女儿的钱。但我认为现在就是对女儿进行财商培养的好时机，让女儿开始感受复利的魔力。女儿这时候才读一年级，无法从数学的角度理解复利的指数效应，但可以从实际的数字方面先有所感受。因为复利的游戏是要时间越长才能越感受它的魔力，因此越早开始越好。我相信切身体会的东西，效果一定是超过理论分析和说教的。

小游戏八：钱生钱

"宝贝，爸爸口袋里没钱了，我们明天开车回南京，交过路费的钱都没有了。"

"那要我分你一点儿吗？我的可是新钱哦。"女儿抬着头问我。

女儿虽然已经对钱有一些认知了，但在她眼里，新钱跟旧钱还是不一样的。在我们老家，过年时长辈给孩子的红包里的钞票一定是新的。过年之前，家家户户都要到银行换一些新钞，用于给孩子包压岁钱红包。

我告诉女儿："宝贝，爸爸需要的不是一点点，给车子加油、过路费要一两千元。这样吧，爸爸跟你借，而且借了之后，需要等过一年再还给你。不过，爸爸不会白借，会给你 20% 的利息。"

女儿听不太懂 20% 的利息是什么意思。"就是向你借 5,000 元，年底还你 6,000 元。也就是一年时间，你多了 1,000 元。"我进一步跟她解释。

"那可以，多 1,000 元啊？但你还的时候，还要还我新钱。"女儿一听，开心了，她还在念叨她的新钱。

"其实新钱、旧钱买东西时都是一样的。"我进一步跟她解释。

但她并不听我解释，坚持要新钱，我自然也不会在这时候得罪"债主"，只要她能借钱给我就行了。

"好的，好的，年底还 6,000 元新钱。"

就这样，我跟女儿的复利游戏开始了。为了加深女儿的记忆，我特意打了欠条，说明了借钱的金额和还款金额。当年女儿还无法完成这个借条的写作，是我代替她写的，女儿依然没有忘记要我把还"新钱"写上去。我们让女儿切身感受金钱复利的魔力时，也注意培养了女儿的契约精神。女儿对于"协议"也非常认真，这点也非常重要，不要小看现在加入的"新钱"二字，以后人生中会签订无数的合同、协议，都需要这种认真精神。

之所以我一开始要给女儿年利率20%，是为了让女儿能明确感受到利息的吸引力，要让孩子看到利率的意义。这个利率远远高于

借 条

陈景清向陈华夷借5000元人民币，约定还款时间为2013年12月31日前，利息为20%，需还6000元人民币（新钱）

借款人：陈景清

2013.2.25

银行的存款利率，如果是和银行的 2%—3% 的利率一样，年底多给孩子 100 多块钱，根本无法引起孩子兴趣。我要慢慢地将孩子带入神奇的复利世界。

到了年底，为了女儿有真真切切的感受，我取出了 6,000 元新钱给女儿，女儿看到这么多新钱，非常开心。拿到手后，她认认真真地数了一遍，看到了多出来的 10 张 100 元的新钞票，第一次感受到"钱生钱"的好处。我和她的妈妈起哄，要女儿请客，当天女儿就特别大方地请我们去吃了一餐肯德基。

6,000 元，除了请客花了几十元外，还有 5,900 多元，我们鼓励女儿从中留下一些钱奖励自己，女儿留下了 300 多元用于平时零花，其余的钱加上过年收到的红包，新的一年又一并放在我这里增值。第一年产生的利息又可以生利息了，这时已经无须跟女儿说更多的道理了，也不必听什么金融课程，女儿真正感受到了"利滚利"，开始认识"复利"了。

新的一年，我们对利率重新进行了谈判。我表示第一次是因为我急用钱，因此我可以承受比较高的利率，这以后，她的钱放在我这里没有到期无法兑付的风险，因此要按照比较公平的市场利率。那时候信托的收益是每年 10%，我们也将利率调整为 10%。女儿同意了。以后每年我们都会玩一次这个游戏，除了第一次外，以后每年的投资协议都是女儿写的，就连协议的名称，也从最初的"借条"转换成了"投资"。游戏玩到 2019 年，已经是第 7 个年头了，2019 年的

正本

欠　条

陈华夷于2015年3月8日把15000元寄存在陈景清手里，每年增长10%。

签字：陈华夷
陈景清

投资

2018年7月13日，陈华夷将之前的本息，共记29865元（截至2017年12月31日），加上春节红包3000元（2018年初本金为32865元），另加上学校减免学费考试所奖励的10000元，共记42865元，投资给陈景清每年收益10%。

合约人：
陈华夷
陈景清
2018.7.13

起算金额已变成了 47,000 多元。我们的游戏依然继续，只是让女儿有了复利的概念后，我们会不断提高游戏的等级。

第一年给女儿计算的利率高一些，是为了让女儿感受更明显一些。在女儿已有了利息感受后，又跟女儿重新约定利率，是为了让女儿更加贴近现实社会，不会想当然地以为能很容易获取高利率。如果要想获得更高的利，需要更高明的投资。而且在真实的社会中，因为急需用钱，也往往需要付出更高的代价。商品在被迫卖出时往往是低价，被迫买进往往是高价。法院拍卖的房子，因为原业主是被迫卖出，价格往往就比较低。一个人在沙漠中，口渴难耐，这时如果有一瓶水，再高的价格，他也会买。

一切看似无意，实则也是有意为之。

复利的魔力

中国许多地方的人有给孩子办 10 岁生日宴的习惯。如果你在孩子 10 岁时，给孩子 1 万元，你是否想过这钱到他退休时变成多少钱？凭直觉想想，如果这 1 万元取得了 20% 的年收益，到孩子退休时会是多少钱？我问过不同的人，让他们凭直觉猜，有猜 100 万的，有猜几十万的，也有人狠下心来猜 1,000 万的，但从来没有遇到一个人猜一个亿。

如果是银行存款，按 5% 的利息，每年取得利息后都继续投入，按普遍规定的 60 岁退休年龄计算，到孩子退休时差不多 10 万元，当然那时候的 10 万元与你给孩子时的 1 万元比，不知道有没有当时的 1 万元值钱。如果是投资一个固定年回报率 10% 的项目，到退休时差不多 100 万元。如果是 15% 的年回报率，到退休时，就是千万富翁了。而如果取得了巴菲特一样的 20% 的年回报率，那么退休时，当初的 1 万元，已让你成为亿万富翁了。这是不是让你很吃惊？

所以投资要趁早，而且别把全部的钱放在银行做储蓄。

计算复利其实可以很简单，打开智能手机计算器，将手机横过来，计算器上就有指数计算的功能了。这一点还是我和女儿谈复利时，女儿教我的。我很奇怪，她怎么会知道。她说她已经学习了指数运算，有一次在玩手机时，意外就发现了。其实在跟女儿的交流过程中,不仅是我在教她一些东西,她也常常教我一些东西,拓展了我的思路。

表1是一个复利表格,大家可以对比一下不同的增长率和不同年份的巨大区别。

表1 以1万元为本金计算复利

单位:万元

年利率	5年	10年	15年	20年	25年	30年	35年	40年	45年	50年	55年	60年
5%	1.3	1.6	2.1	2.7	3.4	4.3	5.5	7.0	9.0	11.5	14.6	18.7
10%	1.6	2.6	4.2	6.7	10.8	17.4	28.1	45.3	72.9	117.4	189.1	304.5
15%	2.0	4.0	8.1	16.4	32.9	66.2	133.2	267.9	538.8	1,083.7	2,179.6	4,384
20%	2.5	6.2	15.4	38.3	95.4	237.4	590.7	1,469.8	3,657.3	9,100.4	22,644.80	56,347.5
25%	3.1	9.3	28.4	86.7	264.7	807.8	2,465.2	7,523.2	22,958.9	70,064.9	213,821.2	652,530.4
30%	3.7	13.8	51.2	190	705.6	2,620	9,727.9	36,118.9	134,106.8	497,929.2	1,848,776.3	6,864,377.2

通过表1,相信大家首先会感受到复利的魔力,意识到回报持续、稳定、确定的重要性,更好地理解"投资是一项越老越有钱的工作"。其次,不知道大家是否发现,前面5年,无论是哪种增长率,看上去钱依然很少,效果不明显。虽然很多人都听过复利的魔力,但很少人能坚持去做,因为做了一段时间就没了动力。大多数人总想着一夜暴富,在最短的时间内获得最大的回报。于是,财富自由

就渐渐走远了。其实不只是金钱投资如此，体育锻炼、健身、专业技能培养等方面也都是如此。

相信大家都听过 1 万小时定律，只有 10 年持续不断地精进，才可能在某个领域取得突出的成绩。当然，我们需要注意的是"精进"，不是重复，1 的 10 次方还是 1，50 次方依然是 1，没有增长，再多的重复，再多的时间，依然无用。这就是"低效率勤奋陷阱"，如果你工作了 10 年，却依然用的是 10 年前的工作方法，维持的是 10 年前的效率，那么你以为你有 10 年工作经验，却不过是一个经验用了 10 年，还忽悠自己：我很努力！

换一个复利曲线图，对复利的体现效果更直观一些。

在图 1 这个曲线中可以发现，前 30 年的线条都是比较平缓的，这就是为什么很多人知道复利效应，却很少人能坚持的原因，因为复利效应的反馈很慢，而人们天性就喜欢即时反馈的东西。30 年后线条越来越陡，复利曲线的本质就是用长远的眼光来看待问题，用高度的自律去实现。人与人之间的差距也是这样，一开始努力与不努力的人区别不大，其中一个人每天一点一点成长，人与人之间的差距也会因为复利效应而逐渐拉开。其实差距并不是突然出现，只是人的成长也符合复利曲线罢了。

这也是一种知识复利。对年轻人而言，投资最重要的不是获取收益积累本金，而是心态、经验和知识的积累，包括对企业经营的理解、投资相关领域知识的积累、财富心态的成熟。新知识不断成为下

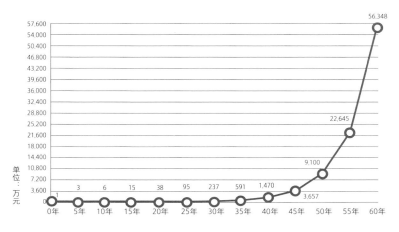

图1　1万元本金在年增长率20%情况下60年复利曲线

一次思考的素材，从而让知识能够不断以复利速度快速迭代。

日常生活中，关于健身这件事，也同样符合这个曲线的趋势，我们可以将这个图中的"年"换成"月"。很多人一开始健身时都是兴奋的，但锻炼了几天，甚至一两个月都没看到明显效果，感受到的只是痛苦，一部分人在这个阶段就放弃了。其实度过这个痛苦期，咬牙坚持下去，超过半年，慢慢地就形成习惯了。到时间不去锻炼，我们反而感到不舒服。而此时，我们开始慢慢发现了锻炼的好处。日积月累，效果一定是明显的，身材更好了，精神状态也更好了。

除了将相对大额的钱存在我这里之外，女儿还留有一些零花钱，因此平时购买小零食完全自由。但也有遇到购买一些相对大件的物品，她的零钱会不够的情况。这时如果该物品是我和妻子比较支持购买的，就由我们出钱购买；如果是我和妻子不太支持的，我们也不会坚决反对，只是告诉她要用自己的钱购买。无论她买的是什么，我们相信她是在有所权衡后作出的决定。即使女儿吃了亏，能让她学到一个教训，也是值得的。即便是成年人，也没人敢保证自己不曾买过后悔的东西。我们应该允许一定限度的冲动性消费，因为她花的是自己的钱。当然，由于她的零花钱有限，这种情况也不太可能经常发生。

她不用想办法找理由说服爸妈，也无须求得爸妈的同意。她需要做的是反问自己："这真是我需要的吗？这值得我付那么多钱吗？"

有一次，我们去购物中心吃饭，在一楼女儿看到有推销人员在演示电动平衡车，女儿看到很好奇，也去玩了一会儿。玩过后，女儿想买。我不太支持这个想法，主要是考虑不太安全，而且进口品牌的也比较贵。所以我和女儿沟通："如果你在外面道路上玩电动平衡车会不太安全。"

女儿说："我可以不去小区外面的道路上玩，只在小区里玩。"

我告诉她："很可能你只是感觉新奇，但当你玩一阵子后，也许就不想玩了。而且这个电动平衡车的价格还比较贵，国产品牌的3,000多元，进口品牌的20,000多元。如果你一定要买，可以用你自己的钱。"

女儿想了想，说："那就先回去吧，等我好好想一想。"

回家后，女儿没再提起，但过了一段时间后，我们再次去那个购物中心吃饭时，女儿突然又想起来了，还是有点犹豫是否购买。后来我告诉她，如果她不买电动平衡车，我可以送她一辆更专业的自行车。这时，女儿很快决定了要自行车。她原来的自行车有点小了。周末我们到迪卡侬让她自己选了一辆运动自行车。女儿十分开心，周末我们有空时就到青年公园一个专门的自行车道上去骑车，有时还会约上她的同学。此后，女儿再也没提过购买电动平衡车的事情。

即便是买国产品牌的电动平衡车，3,000多元在女儿的存款中所占比例还是比较高的。更重要的是，我也让女儿明白了，取出这笔钱，除了这笔钱本身，这3,000多元所产生的利息也没有了。要知道，3,000多元第一年就可产生300多元的利息。

在女儿的成长过程中，相较于对复利的认知，实际上自控能力的培养意义甚至更大。通过和女儿做压岁钱游戏，我完全不需要去控制她如何花钱，女儿自己学会了自我控制。如果没有让孩子养成存钱的习惯，孩子总会想办法将得到的零花钱第一时间花掉，在购买物品时也更容易与父母发生争执。正如上文的例子，如果我的女儿在购物中心哭闹，而我强势拒绝她的要求，孩子再去求爷爷奶奶买，这是很痛苦和为难的，甚至会影响父女之间的感情。

为何富不过三代?

随着社会财富积累越来越多,部分富裕人士也开始思考财富如何传承。父母希望将自己的财富传给子女,让后代过上衣食无忧的生活。但我们常常见到这样一个说法——"富不过三代"。是不是真的这样呢?实际上,从世界人类财富发展的历史来看,很大比例的家族确实是"富不过三代"的。出现这个现象有很多复杂的原因,战争、社会革命、遗产税、后代"败家"、意外事故等各种情况导致了社会财富重新分配。但我们也可以从通货膨胀的角度,来简单谈谈"富过三代"的难度。

35 年前,"万元户"在当时的中国社会就属于有钱人了,如果那时有父母希望将 1 万元留给孩子,因害怕损失,将这笔钱存进了银行,按照 3% 的利率,这笔钱 35 年后变成了 2.8 万元。这不仅不是巨款,对很多人来说连一年的生活费都不够。

所以,偷取财富最大的贼是——通货膨胀。

如果从 1913 年美国联邦储备银行建立起算,100 多年来,若以 1913 年为基准,2019 年的 100 美元只相当于 1913 年的 3.87 美元。

为了说明这一点,有外媒绘制了一张图表,展示了自 1913 年以来美元购买力的变化。通过图 2,我们可以看到通货膨胀和消费价格指数的变化,是如何在过去一个世纪里不断削弱着美元的购买力。

因此,想简单地通过将一笔大额资金存进银行,让自己的家族

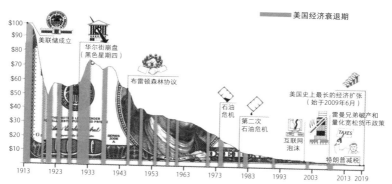

图2　1913—2019年美元购买力趋势

"富过三代"是不可能的。即使没有社会动荡、没有战争、没有"败家子"后代、没有遗产税等，通货膨胀也足以消耗掉财富。

所以，家族传承，除了传承财富外，更需要传承的是使资金增值的能力，而增值保值的能力，就是财商！

第 6 章

"卖别墅还是卖店铺？"
——有关资产配置的讨论

因之前考虑要把父母接过来一起住，原来住的公寓就有点小，所以2008年我们买了一套联排别墅。由于当年女儿比较小，还没上学，因此我们没意识到孩子上学的便利性问题。然而，女儿一上幼儿园我们就发现，还是住在原来的公寓方便——楼下就是区重点幼儿园，附近的小学、中学又都是区里最好的学校。而别墅在市里的另一个区，周边没什么好学校。

显然，在孩子高中毕业之前，我们都不可能去别墅住了。我们搬回公寓后，别墅空着的同时，还要交物业管理费。后来，不仅院子里的草长得老高，连楼顶露台上的草都疯长，把下水道堵了，雨水倒灌进室内，还要请人维护。表面上看，这是我们家很大一笔资产，但实际上这笔资产每年不仅没有带给我们任何收入，还得支付物业费和维修费等其他费用。

我该继续保留这套别墅吗？

除了从资产收益角度考虑这个问题，我还得出了一个结论：无论你有几套房，最终你住的还是离孩子学校最近的那套。别以为周末你会回到郊区的大房子里住，不可能，因为周末孩子需要上各种培训班。就算你不给孩子补习文化课，艺术、体育培训等机构也大多数都在市区。于是，你就不会再住到郊区的那套大房子里了。很多事情在想象中很美好，实际会发现有很多重要因素被忽略了。

我们还有一个商铺，这个商铺在购买时是那片商业街区单价最贵的。这个铺子让我们体会到了"皇帝的女儿不愁嫁"的滋味。铺子所在的街区建好后，还未交付给我们之前，我们透过玻璃门，就发现门内留有好多名片、纸条、便签，基本都是求租信息，包括一些银行、房产中介，还有一些只是在纸条上写着要租店铺，留了电话。我们就在这些联系电话中找到了出价最高的一家，将店铺租了出去。后来，我们还间接了解到其他一些店铺的租金情况，发现我们的店铺租金是最高的。根据当时的租约情况，可以大致计算该商铺 10 年内的租金收入总和，将超过我们购买商铺所付出的价格。（在我写这本书时，该商铺的年租金收入扣除税金后已上涨至 25 万元，而当初购买商铺的总价为 110 万元。）

女儿 10 岁了，我觉得这正是一个很好的资产配置讨论案例，顺便也可以用来讲解"想要"和"需要"两者之间的区别。

小游戏九：别墅和商铺的抉择

"女儿，爸爸需要一笔钱用于其他投资，准备在别墅和商铺之间卖掉一个，你的意见是卖哪个？"

女儿一听有点蒙，因为我们偶尔也会一起到别墅去看看，还曾经划分过每个房间的用途。哪一间是她住的，哪一间是我和妻子住的，哪一间是她爷爷奶奶住的，哪一间是她堂姐来时住的，哪一间是她表妹来住的，哪一间是她的钢琴房……忽然听到要卖，有点惊讶。

"我舍不得卖别墅，以后我们要住的。院子连起来还可以打球。"女儿下意识地想留着别墅。

对于女儿这个回答，我并不意外，女儿虽然年纪小，但在很多选择上都比较恋旧。比如不再玩的玩具也不舍得扔掉，穿旧了的衣服也还是喜欢穿，我觉得她这习惯也没有什么不好，只要还能用，就没必要买新的。但这次评估卖别墅不同，别墅已经涉及投资属性了。

"最近几年我们是否能过去住？"我慢慢地引导她思考。

"当然现在不行，我要上学，要住得离学校近。"这点女儿倒是非常清楚。

"那么你还要上多少年学呢？"

"我现在才准备上中学，中学还要 6 年，中学毕业后再读大学。"女儿开始计算时间了。

"大学 4 年，也许你还要读研究生、博士，意味着你还需至少读

十多年的书。大学很可能会到国外，就算不去国外，大概率也不在南京。大学毕业后，你还有可能在其他城市工作，毕业后大概率也不会再跟爸妈住在一起。"我进一步跟她分析，在分析时，我自己心里都有点难过，好像女儿马上要远走高飞了。

父母目送孩子的背影渐行渐远，儿时在身旁的教育，就是为了她能走得稳一点，就算遇到不顺，也能坚强前行。

女儿开始陷入思考。过了一会儿女儿低声地说："你们决定吧。"

我收回了好像女儿马上就要远走的情绪，平静地告诉她："我们在日常生活中，需要分清想要和需要的区别。我们下意识可能会觉得拥有的越多越好，而不管自己是否真正需要。买零食吃时，我们常常买了很多，一时半会儿也吃不完。其实吃多了，也就不觉得好吃了。买衣服时，我们也经常看到喜欢的就买回来，但买回来后，可能穿一次就放到衣柜里再也不穿了，因为我们又看上了另一件更好看的。我们会想要很多东西，而这其中真正需要的是很少的一部分。就如这别墅，其实我们买来已经 10 年了，至少再过 10 年我们依然不会需要住。一栋房子空着二十几年，没有好的维护，即使 20 年后去居住，这房子也不太好了。从居住的角度，这个别墅是不适合的。"

女儿也列举了她买的一些用不完的东西，比如，去日本买了太多的彩色铅笔，一些因封面好看而买了很多的本子，等等。

女儿能举一反三，说明她已经开始理解"想要"与"需要"的区别了。当然不是说所有"想要"的都没必要满足，只需满足"需要"

的即可,只是说清楚了哪些是"想要"的,就能让自己进一步去分辨,让自己明白哪些是真的想要,哪些只是一时兴起,或是虚荣心作祟。真的想要的东西,即使不是必需品,也是可以适度拥有的。物品不只是为了满足使用的功能需求,很多时候也是为了满足精神需求。因此,这个"想要"的东西,如果能满足自己的精神需求,也是可以拥有的。当温饱问题解决后,很多物品从功能上来讲都不是必需品。当然,如何区分什么是自己真正想要的,什么是一时冲动想拥有的,除了考虑自己的经济情况,还需拓展见识,培养兴趣爱好,以及提升自律能力。

讨论到这里,还不是我的全部用意。毕竟女儿想要的与我想要的很大程度上也是不同的,女儿有她独特的兴趣爱好。有人觉得食物不只是要满足吃饱,味道、就餐环境也非常重要;有人可能对食物没有过高要求,但对座驾的要求却很高,希望能拥有一台酷炫的车,等等。我对穿着不太讲究,可我收藏了一把很好的古琴。

每个人的兴趣点不同,愿意为兴趣付出的代价也不同。我在这里更想和女儿讨论的是从投资角度来分析这个问题。

从投资角度思考别墅与商铺的价值

"我们买房子,除了居住外,还有投资的功能。爸爸准备在别墅和商铺中保留一个,从投资角度,你觉得我们该留别墅还是商铺?"

我继续引导女儿思考。

女儿一时还是有点反应不过来。我决定不再等女儿回答，直接开始解释："首先我们从投资获得的现金流来看，别墅因为没有装修，无法出租，没有租金收入，而商铺现在每年能收入 25 万元租金。"

"如果别墅装修好，可以出租吗？会有多少租金？"女儿插话进来。

我告诉她："别墅如果装修，正常要100万元以上，就算简单装修，也需要大几十万元。但未必好租，而且每年租金很难到 25 万元。"

"为何商铺能收这么多租金，而住宅不能？"女儿很奇怪。

我从供需关系角度给她讲解："决定租金的除了和这个地产本身的价格有关，还与需求有关。商铺是用于经营的，属于商业地产，住宅用于居住，这两个用途不同，决定租金水平的因素就不同。此外，需求越大，能提供满足需求的产品越少，供不应求，价格就会上涨。如果供过于求，价格就下跌。"

我继续和女儿解释："我们商铺所在的位置，周边有 5,000 户左右居民，有全区最好的幼儿园和小学。而在这片区域中心位置的商业街只有这一条。我们这个商铺又是这条商业街位置最好的。在商业上，位置不同，价格差别是巨大的。店家租商铺的衡量标准是，商铺租金属于成本构成的一部分，只要这个租金占营业额的比例能控制在一定范围之内，租金就是可以承担的。决定是否要租这个商铺，首先考虑的是地理位置对生意的影响。因此在商铺中经常可以看到，转个角或隔一条街，租金水平会有几倍的差距。而住宅的功能是提供居住的，租房子考虑的是房子的大小、居住的舒适性，以及上班或去菜场的便利性。"

我稍微停顿了一下，让女儿消化我刚刚说的。毕竟在成人世界里，很多人也弄不明白住宅的投资和商业地产投资的价值。虽然两者表面上看都是房子，但一个主要功能是商业，一个主要功能是居住，区别还是很大的。前 10 年全国大部分地区住宅价格的持续上涨，让有些人以为商业地产也是一样，买到就是赚到，甚至被一些"一铺养三代"之类的俗语误导，盲目地买入商铺，结果不仅没有实现"一铺养三代"，甚至沦落到"三代养一铺"。尤其在互联网经济的冲击下，大量的布局不合理的商铺关闭，不仅没有租金收入，甚至还需缴纳物业管理费，更别提如果办了按揭贷款，还要持续给银行还贷，帮助银行赚取房贷利息。另外，商业地产转让，税收政策跟住宅也完全不同，转让时要缴纳的税费比住宅高出很多。

商业地产投资的复杂性，比住宅更高。我想暂时不必延展开来和女儿深入讨论，还是多谈谈跟她学生身份相关的话题。

"住宅还有一个需要特别注意的点，有孩子的家庭，孩子上学的便利性是非常重要的。甚至不仅是便利性的问题，住房还决定了你能上什么样的学校。长久以来，学区房的功能是住宅里一项非常重要的功能。孩子要上学，国内部分城市的公立学校划分学区时，基本上考虑的是户籍所在地。而租来的房子一般是不能落户的，也就是说如果户籍不在此区域,租房并不能上该区域对应的学校。"我跟女儿继续解释。

"除了学区房功能外,住宅的其他功能区别不是太大,可替代性也非常强。有些小区,可能有几百、几千套空置的房子,租房的人选择余地也比较大,因此住宅的租金也就不会区别太大。而我们那套别墅,附近没有好的学校,离地铁也有一段距离,在便利性上并没有什么优势,而且有租房需求的人,也很少会租别墅。需求少,价格就不可能高。"听到这里,女儿点点头,好像是听懂了。

"另外,商业店铺不同品牌、不同行业,对装修要求也是不同的。店铺的装修风格是品牌形象整体的一部分,因此租店铺的商家,对店铺都是要重新装修的,装修费也是由商家自己承担。住宅则完全不同,租客希望的是拎包入住,不希望自己要再花几个月去装修房子。因此,如果我们的别墅要出租,就需要先装修起来,我们首先得承担装修费用。租了几年后,换租客很可能还要重新装修,电器也可能需要更新,因此租金的很大一部分都用于装修了。"我跟女儿继续分析。

"就刚刚的讨论来说,从租金收入、现金流角度,保留商铺是更明智的选择。"我总结了一下。

"那为什么还有那么多人买房呢?"女儿还是提出了疑问。

我知道女儿这里指的买房特指的是住宅。对于这个问题,我相信很多人都懂,在这独特的 20 年里,全国人民买房,除了居住,很少是为了想把房子出租出去收取租金。

"那是因为买房的人认为过几年房价就更高了，等那时如果把房子卖出去，可以赚很高的差价。房子就是一个商品，只要卖价高于买价，扣除手续费、税金，其他的钱就是赚的。而中国近20年里，部分区域房价涨幅很大，许多人就认为买房子是最容易做的一门生意。这时候的住宅，已经不是原本的居住必需品了，变成了一个低买高卖的商品。"

在跟女儿解释的过程中，我自己都有点惊讶，一对比才发现，很多人将住宅当成了买卖的商品，而作为商业地产的商铺用于收租金，却相对变成了长期持有的固定资产。

留着"母鸡"下蛋

在住宅和商铺的投资中，其实涉及很多经济现象，既然说到这里，我还是想和女儿继续讨论下去。也许她暂时还不太理解，以后她想研究具体内容的话，肯定是需要系统学习的，但现在讨论这些，相信对她树立投资理念及思考框架会有一定帮助。

"在经济投资领域还有一个现象是值得注意的：当买入的物品价格上涨，会让更多的人蜂拥而来竞相购买。而且国内有不少人有持有房产的偏好，即使不卖出，房价涨了，也觉得自己的资产增值了，这就导致了更多人去买房，从而又进一步推高了房价。虽然过去20

年里也有很多区域房价涨幅并不是很高，但人们往往看到的都是比较高的房价，这就是为什么大家会争相买房。从这个角度来看，可以把房子当成一个普通商品，人们买房是为了低买高卖赚取利润。"其他的社会心理现象，我就不和她一一解释了。我只需给她建立一个思考的框架，让她明白类似的资产配置问题的思考方向，其他的细节可以让她自己慢慢摸索和实践。

"最近 20 年，住宅大体都是涨的，那商铺的价格涨了吗？"女儿又问了我一个问题。

我告诉她："就如我之前分析的，商铺的主要用途是作为商业展出、商业经营之用，商铺的价格与所在位置有极大的关系。有的商铺周边整个商业经营环境糟糕，商铺租不出去，价格就会跌，就算降价也很可能没人接手。有的商铺商业经营环境好，正如我们现在拥有的这间商铺，租金上涨，自然商铺的价值就高了。如果将商铺卖了，相信价格也是高的。但商铺买卖还涉及一个税费问题，国家在住宅和非住宅交易的税费上差异非常大，商铺的税费远高于住宅，所以商铺买卖转让的少，更多的是用于收租，而大部分住宅出租收益并不多。"我还和女儿打了一个比方："商铺就像我们养了一只母鸡，母鸡长大后会下蛋，我们可以通过卖鸡蛋挣钱，当然也可以将母鸡卖了，换得一笔收入。通过卖鸡蛋得到的收入是持续的，而卖掉母鸡就只有一次性收入了。

"综合以上情况，你觉得我们该卖出别墅还是商铺？我们该留哪一个？"最后我将我们的讨论做个总结，将选择权再次抛给女儿。

女儿告诉了我她的意见和简单的理由："我认为还是卖别墅留商铺吧！因为别墅我们确实最近几年都不可能去住，又收不了租金，而商铺每年都有租金收入。爸爸，我们就留着'母鸡'下蛋吧！"

我非常高兴，女儿基本听懂了我们今天的谈话。不久之后我就将别墅卖了，将卖别墅的钱创办了一家企业，余钱还投入了股市。投入股市的钱，我详细地做了记录，我要在10年后和房价做个对比，看看我投入股市的钱，如果需要，是否可以再买回一套更好的房子。

沃伦·巴菲特说过："任何不能产生现金流的东西都不叫资产，只能叫筹码。"

压岁钱投资协议

甲　　方：＿＿＿＿＿＿＿＿

乙　　方：＿＿＿＿＿＿＿＿

见证人：＿＿＿＿＿＿＿＿

　　＿＿＿＿年＿＿＿＿月＿＿日，甲方将资金共计＿＿＿＿＿＿＿元投资给乙方，年收益率＿＿＿＿＿%，投资期限为＿＿＿＿＿＿＿。

　　本协议一式两份，如遇纠纷，双方协商解决。

甲方：　　　　　　　　　　　　乙方：

签名：　　　　　　　　　　　　签名：

　　年　月　日　　　　　　　　　　年　月　日

见证人：

签名：

　　年　月　日

压岁钱投资协议

甲　方：_____

乙　方：_____

见证人：_____

_____年_____月_____日，甲方将资金共计_____元

投资给乙方，年收益率_____%，投资期限为_____。

本协议一式两份，如遇纠纷，双方协商解决。

甲方：　　　　　　　　　　　　乙方：

签名：　　　　　　　　　　　　签名：

　　年　月　日　　　　　　　　　年　月　日

见证人：

签名：

　　年　月　日

第 7 章

"体验店长"活动
——初探企业经营

女儿 12 岁了，小学已毕业，在毕业那年的暑假，我开始考虑如何进一步对她进行财商教育。到了这个年龄，女儿的认知能力有了提高，可以给她讲一些更专业的财商知识，而且小升初的这个暑假，正好时间也多一些，我们可以有更多的时间交流和实践。

　　2013 年 10 月 20 日，有新闻爆出星巴克暴利：每杯拿铁咖啡成本不足 5 元却卖 27 元。每隔一段时间，此类新闻就会出现一次，上一次是眼镜行业，这次是星巴克，当然还有 iPhone 手机。报道的套路也基本差不多，用"原材料价格低"配以"产品售价高"证明"该产品（行业）存在暴利"。这种新闻频繁出现，就容易让人形成一种"无商不奸"的刻板印象。报道出来后，能看到类似"有关部门应该出手了，治一治这些贪婪无度的商人"的网友评论留言。媒体喜欢给企业算成本，尤其爱算原材料成本（物料成本），无非是想引导读者接受"成本决定价格"的思维，更准确地说，他们只是用一部分成本来对比售价，最终证明"暴利"的说法是存在的。

　　稍微懂一点经济学常识的人应该都知道，在市场经济中，产品的

其他行政支出	$0.23	5%
设备成本	0.17	4%
税	0.24	5%
常规行政部门支出	0.28	6%
劳动力	0.41	9%
原材料	0.64	13%
门店营业支出	0.72	15%
利润	0.85	18%
租金	1.25	26%

注：由于四舍五入，总占比大于100%。
资料来源：斯密街商务咨询公司/《华尔街日报》。

图3　中国星巴克大杯拿铁定价依据

价格是由供需关系和综合成本决定的。原材料成本，只是成本中的一个组成部分，甚至对价格的构成并不是最重要的。就以星巴克为例，星巴克是一家在美国纽约纳斯达克上市的企业，每年会有年报披露财务数据。《华尔街日报》根据星巴克2012年的年报，绘制了一幅中国星巴克大杯拿铁定价依据图（见图3）。首先，占价格构成最大的是租金，占26%；其次，是门店营业支出，占15%；最后，才是原材料，占13%。如果不把定价全貌展示出来，只谈咖啡豆的价格有多低，或者只谈"中国的一个星巴克马克杯卖得比美国贵一倍"，要么是故意误导，要么是缺少最基本的经济学常识。

小游戏十：体验店长

我创立的元兴红茶业公司在南京的金茂汇广场有一个茶屋，茶屋不仅卖茶叶，也提供现场点单喝茶，客人可以买茶带走，也可以点茶饮后在此喝茶、聊天、看书和休息。还有的客人在茶屋学习，有的在茶屋工作，甚至有公司在茶屋进行面试和招聘。

我准备让女儿去担任一天"体验店长"，切身感受一下店铺的经营事务。有了切身的感受，才能对如何经营一个店铺，进而如何经营一家企业，有更深入的思考。在做"体验店长"的那一天，她要负责客人的接待，为客人介绍茶叶，给客人点单、泡茶、结账、收银、清洗、消毒茶具、打扫店铺卫生，还要为从微信商城下订单的客人打包寄快递，等等。

为了让她能胜任店长工作，我们给她提前培训了两天，不仅培训了所有工作流程，还给了她一本流程手册，包含了一些客户常规问题的解答。女儿在家背了几天对于茶叶的介绍和客户问题的规范解答。不过，背书是她的强项，我们新员工上岗前都要背好几天的内容，她不到三天就非常熟练了。她去茶屋做正式体验店长那天，还会为她配一位之前在我们茶屋做过实习生的大学生。之所以配的是实习生，而不是正式员工，就是为了让她有真正"店长"的感觉，而且让她没有依赖心理。那一天将完全以她为主，只要她忙得过来，实习生是不插手的，只有在她忙不过来或者在她上洗手间的时候，实习生

才会暂时顶替一下。

　　我们选了预估客人比较少的一天,带女儿来到了店里,将"体验店长"的工作牌别在女儿胸前,把钥匙交给了女儿,从开门、开灯开始,这一天的工作都由她来完成。

　　钥匙交给女儿的那一刻,女儿还是挺紧张的:"老爸,万一客人不满意呢?""不会的,我相信你的沟通能力。"我进一步补充道,"如果你实在忘了如何解答客人的问题,可以向那位实习的姐姐求助。但你还是尽量自己解决,因为你是店长,她只是你的助理。"女儿还是不放心地说:"万一实习生姐姐也不知道如何处理呢?"我只好回答她:"那你就给爸爸打电话询问吧。"

　　跟女儿说了再见后,我就跟茶屋其他的店员伙伴一起去团队活动了。因为茶屋开在购物中心,全年365天都得营业,员工要按班轮值,因此不可能全体离开店铺到外面活动。女儿担任"体验店长"正好给了我们全体人员团队活动时间。我和女儿约好,会在晚上闭店前回到店里。

　　全体店员一起到郊外踏青,这是我们第一次团队活动,大家都很开心。中午找了一家农家乐吃午饭,下午还去了游乐场游玩。这期间,我忍不住通过微信问那名实习生店铺的情况,实习生反馈一切正常,店铺里只有两三桌客人。通过手机上的微信商户平台也能查看到收银情况。傍晚我们回到市区,晚餐后就匆匆返回了店铺。商场是晚上10点关门,本来我们计划晚上9点半才回到店里,但第一次让女儿和一名实习生看店，我多少还是有点担心，另外也出于好奇，所以晚饭后不到 8 点我们就回到了商场。

我拿着相机，试图在店铺外悄悄拍下女儿工作的照片。店铺内只有一桌客人，实习生站在店铺外，女儿一人站在收银台旁，神态非常轻松。很快，女儿看到了我们，脸上流露出欣喜的神情，但并没有什么夸张的动作，只是对我们微笑。估计是她意识到店铺内有客人，需要表现得职业一些吧。而店铺内的客人是我们的熟客，客人同样也看到了我们，我就过去主动跟客人打招呼。

"你们在玩什么游戏啊，怎么让一个孩子给我们提供服务？你们用童工啊？"客人站了起来，开玩笑地问。

我把女儿喊了过来，和客人做了解释，告诉客人是为了锻炼我女儿。

"太不容易，这么小就敢来看店。一般这么大的孩子这时候完全还要家人的照顾呢，另外小姑娘泡茶泡得也有模有样的，太厉害了！"客人把女儿夸奖了一番，首先肯定的是她的勇气。

女儿脸红了，不知该说什么，嘴里说着："谢谢。"便快步走开了。

过了半小时，这桌客人也走了，茶屋里一下子就叽叽喳喳热闹起来。同事们都在问女儿今天的感受，大家也忙着跟女儿合影，女儿也一改我们刚回来进店时的冷静，变得兴奋起来，回答了今天接待的情况。总体还是十分顺利的，只是女儿有个疑问："有个客人质疑，为何多一个人加个杯子要加 15 元？"

"那你怎么回答呢？"我正好问她。

"我回答他这是我们这边规定的，客人后面也没再说什么。但我也有这个疑问，加个杯子客人并不是把杯子带走，为何要加收15元？"

我告诉女儿："这个问题很好，今天你工作了一天，回家好好休息，爸爸明天会和你好好解释。"可能是因为有好几位同事在旁边，女儿没再继续追问我，若按照平常的习惯，女儿是习惯于我立即回答她问题的。

时间过得很快，到了闭店时间，女儿将钥匙正式交还给我们店铺里的正式店长。一天的"体验店长"活动结束了，我带女儿回了家。路上女儿虽然很兴奋，但也没再多聊，因为太晚了，赶紧回家洗漱后就睡觉了。

和女儿算账

第二天上午，早饭时间，女儿又提出了她昨天没有得到答复的问题。我告诉女儿，早饭后，我们要用一个小时以上的时间来讨论店铺经营问题。其实，将要进行的讨论才是我的培训重点，昨天的工作体验只是预热。

我们先开始讨论昨天是否赚钱了。"昨天营业额920元，全部来自茶饮销售。可能是因为我不够专业，没有卖出去一盒茶叶。""体验店长"汇报。

我告诉女儿："你第一次经营，能坚持下来已经非常好了，是值得肯定和夸奖的。"

"比我小时候在小区换购活动中强多了。"女儿高兴地说。

"你知道我们昨天店铺的经营有多少利润吗？"我问女儿。

"超过 500 元吧？"女儿试探性地回答。

我开始和女儿算账。我们茶屋比较小，只有 83 平方米，一个月的保底租金是 16,987 元，如果销售额的 12% 高于这个保底租金，则需要按照销售额的 12% 缴纳管理费。我们先只按保底租金计算。另外，为了摆放所卖茶叶、茶具，还租了一个辅助用房作为仓库，每月租金 1,058 元。一年按照 365 天计算，折算到每天，在房租上的费用大约是 593 元 / 天。店铺内每天的营业时间较长，从早上 10 点到晚上 10 点，员工需要休息，还有轮流值班，再加上需要企划、采购、宣传、推广等工作，我们暂时按照 4 个人的工资计算，加上社保等其他开支，按照 5,000 元 / 人 / 月计算（实际不止），四人就是 2 万元 / 月，平均到每天大约就是 657 元 / 天。只人工和租金两项每天的开支约是 1,250 元 / 天。

"那我昨天的销售收入都还不够付房租和人员工资啊？"女儿大为惊讶。

"是的，你想想，我们还有多少费用没有计算？"

"我们还没计算茶叶的本钱，还有水电费。"女儿一扫刚才开心的样子，开始为我担心起来。

"是的，一个月水电费大概 500 元，折算到每一天大约是 16 元。另外还有一笔比较大的开支是装修费。我们开业前店铺装修加座椅、冰箱、烧水壶等必要配备品，花费超过 30 万，如果按照 5 年折旧，一年是 6 万，折算到每一天大概是 164 元。这两项合计是 180 元。加上之前的 1,250 元/天，现在每天的基本费用是 1,430 元/天。"

女儿开始明白这个开支好像还没完，她继续问："那还有别的开支吗？对了，茶叶的成本还没计算。"

"我就是故意先不计算茶叶的成本，其实除了这些之外，还有税费、宣传资料、泡茶的茶具，甚至价目单、价签等，这都是成本。此外，资金也是有成本的，或者说是有预期盈利需求的，店铺前期装修，还有茶叶进货都需要投入资金。"我把开店的成本一步步地告诉她。

"即使茶叶的成本为零，如果一天的销售额低于 1,430 元，那我们肯定就是亏损的。"女儿感慨地说。

这时我问女儿："你现在明白，我们一壶茶配一个杯子，比如 59 元，如果客户多一个人，不另点茶，只是加个杯子，我们收加杯费 15 元的道理了吧？"

"我们的成本并不只是茶叶。"女儿若有所思地点了点头。

我总结了一下告诉女儿："客人在我们茶屋喝茶，一方面是享受了我们的茶饮，另一方面其实是享受了这个茶屋的空间，他需要为这两方面买单。虽然客人加个杯子，我们并没有另外提供茶叶，但我们提供了座椅、水电，还有这个茶屋的空间。举一个例子，假如我们茶屋坐了一屋子客人，但都没点茶，而我们只提供杯子和开水，表面上开水的费用可以忽略不计，但不代表我们没有成本，我们的成本依然不低于 1,430 元。当然，我们不能简单粗暴地让客人承担这个成本，而是象征性地收 15 元的加杯费。"经过这些讨论，女儿明白了这个收加杯费的逻辑。

我告诉女儿，如何定价也是策略。听到"定价策略"，女儿接了一句："关于定价策略，我以前看到一个说法，说定价 9.9 元和定价10 元会让人感受差很多，虽然才差一毛钱，但就会让人潜意识里认为才几块钱，不到 10 块钱。我们去买文具，就会发现定价经常是 9.9元或 19.8 元之类的。"

"是的，这也是一个小技巧。超市经常采用这个小技巧，但定价策略不仅是这些，还需要考虑更复杂的市场因素。"

没等我继续解释有哪些市场因素，女儿进一步的疑问来了，问我："爸爸，那么你元兴红这个茶屋一直亏损吗？"

我告诉女儿："当然不可能一直亏损，如果是一直亏损，爸爸不可能坚持下来。"

如何增加销售额，提升盈利能力？

因为有了一天"体验店长"的经验，女儿没有满足于我这个回答，她继续提问："昨天前前后后来了八桌客人，虽然没把茶屋坐满，但喝茶的客人待的时间都很长，有一桌客人从上午坐到了下午。茶屋也一直有客人，就算再坐满一些，我觉得销售额都很难超过 1430 元。"

"那么你认为怎样才能提高销售额呢？"我反问女儿。

女儿陷入了思考，过了一会儿，她说："有一个办法，提高每壶茶的价格。"

"这个办法表面上能提高销售额，但实际上能否提高销售额很难说，因为价格高了以后，客人可能改去楼下星巴克或者其他地方，也有可能直接不来了。如果我们将单价提高一倍，客人减少三分之二，那么我们的亏损额会更大。"

"那降低每壶茶的单价呢？"女儿也一边思考，一边和我讨论。

"降低每壶茶的价格，有可能会有更多客人来，但我们茶屋的空间有限，或许仍旧无法解决亏损的问题。房租、茶叶等成本虽然基本是固定的，但这部分成本占销售额的比例是动态的，因此成本也是动态的。定价的价格策略，考虑的不只是静态的成本，还需要考虑市场需求的平衡。"

女儿有点悻悻然地说："那也就不能用成本多少来决定售价？"

"是的,通过我们以上的分析你已经理解成本是多方面的成本,不只是原料成本。举一个例子,如果一天只卖一壶茶,却将一天的房租、人工等成本都加到这壶茶里,这壶茶就得卖到天价了。市场情况也不只是考虑我们的茶饮和同类竞品之间的市场价格比较,甚至咖啡、奶茶、果汁等饮品的价格也是比较的对象。所以,我们不能简单地提高每壶茶的价格。"其实我说的这些,也是我当初开店时一直思考的。

女儿忽然提出:"加大茶叶的销售,我昨天销售不高的原因就在于没有卖茶叶,只有茶饮销售。"

我非常高兴女儿能想到这一点,"对,茶饮的销售受制于店铺的空间。即使客人多一些,店铺里面也坐不下,再增大店铺面积,租金就更高了,可能也需增加人员,这样开支更大了,能否达到盈亏平衡还是个问题。当然,提供茶饮的外带服务也是一个办法,但这不是我们的强项,很多奶茶店在做这个事,但是我们的重点是在茶叶的销售。虽然店铺内的茶饮也收费,但店铺更重要的功能是茶叶产品的展示,最终目的是给到店喝茶的客人推荐购买我们的茶叶,客人在这里可以先喝后买,也是一种让客人体验我们茶叶品质的方法。"

女儿恍然大悟:"也就是说我们真正的销售额大头是来自茶叶的销售?"我告诉她:"是的,茶饮销售只能获得一小部分的销售额,更主要是为了给客户提供品茶的地方,是我们店员销售茶叶的一个平台,方便给客人介绍、推荐、销售茶叶。不过,这些需要掌握技巧,以免影响客户的消费体验。"

因为找到了解决方案,女儿终于露出了笑容。因为从讨论她昨天的经营是否亏本这件事开始,她就一直带着焦虑的神态,直到我们讨论到重点是要扩大茶叶的销售,她才轻松起来。后面我又跟女儿进一步讨论了如何增加茶叶销量的方式,女儿还提出能否开展网络销售,提到她们同学都非常喜欢上 B 站,我也第一次下载了 B 站来研究。

这些讨论不仅是对女儿的财商进行了培训,我也在讨论中有一些收获,尤其是女儿提出开展网络销售这件事。他们这一代,完全是伴随着网络发展成长起来的,很自然地就会想到网络销售。

通过"体验店长"这节课,我和女儿不仅讨论了企业经营的成本构成,还进一步讨论了盈利模式,这才是我的财商培训重点。盈利模式不仅是女儿需要学习的课程,也是我作为一名创业者所需要掌握的最重要的课程。

幸存者偏差

没有经营经验的人,常常会有一些认知误区,除了部分媒体和没有经济学常识的人用原料成本直接讨论是否存在暴利,还有"幸存者偏差"的认知误区。比较典型的认知误区就是看到海底捞火锅门口等位的人排长队,生意非常火爆,就觉得自己去开一家火锅店也会很赚钱。看到喜茶生意好,便觉得开个奶茶店一定也非常赚钱。看到一个商业区大部分店铺生意都还不错,就认为在这里开店应该都能赚钱。殊不知那些亏本倒闭的店铺,自然是你逛街时看不到的,能被你看到的都是存活下来的。

一些数据显示,国内小微企业三年内的存活率基本只有10%。有无数的咖啡店、奶茶、火锅店前仆后继地开业又倒闭,能像星巴克、喜茶、海底捞一样盈利的极少,可以实现连锁经营、规模发展的更是凤毛麟角。

最近几年社会上有万众创业的风气,这对于整个社会的进步是好事,对于国家解决就业也是好事。但每一个创业者在创业时,在进入某个商业领域时,要对商业环境有清醒的认知,对自己准备开展的商业模式要清晰。如果是新进入某个领域,一定要对该领域有充分的了解,要有失败的预案。

有一个讽刺故事,讲的是如何把父母的家底掏空。如果你通过多年的学习,大学毕业还没花光父母的积蓄,那么大学毕业就去创业,很快就能掏空父母的积蓄。因为创业中真正愿意给你第一笔启动资金的,往往都是你的父母或亲戚,其他人如何能信任你?

许多创业者往往过于乐观,在创业之初不是想着如何做好产品,如何为社会创造价值,而是想着如何去拿到风投的钱,如何进行融资。这类创业者做了精美的PPT，到处演讲，如果没有融到资就怪当地的投资风气不好，仿佛他的企业如果创立在北上广深，就能很快拿到融资，把企业做大做好。统计数据表明，新办企业三年内的存活率基本只有10%，在存活的企业中，只有大约不到1%的公司有机会在二级市场成为上市公司，而二级市场里只有1%左右的公司能创造长期收益。

我有一个朋友，之前从事电子产品销售，发现国内经济型酒店蓬勃发展，就想着也投身酒店行业。他拿出之前十多年工作的积蓄400多万元，又借了一部分款，投资开了一家酒店。虽然之前评估了市场定位，考察了其他酒店的经营，但是在自己投资酒店进行装修时，却忽略了房屋的使用用途和消防的重要性，结果租下一栋大楼，装修好后，却无法通过消防验收，导致不能开业。这时他才发现房产证上的使用用途是办公用房，不包含酒店，因此消防验收通过不了。之后他向房屋所在地规划部门提交土地用途更改申请，费了很大的周折才获批，又重新申请消防验收，前后耽搁了16个月左右，酒店终于获准开业。而这期间房租照付，酒店还没正式开业，现金流已经快断了。勉强开业后，因为不熟悉这个行业，又遇到了许多其他方面的经营困难，开业一年后，实在无法持续经营下去，只好转让。整个项目他亏损了600多万，不仅将自己工作十多年的积蓄赔掉，还欠了一大笔债务。

很多行业都有这个情况，行业外的看热闹，行业内的看门道。这也是俗话说的"远香近臭"。我们在投资、创业时就要清楚自己的优势在哪，不能盲目乐观，高估自己的能力，要清楚自己的能力边界，做擅长的事情。当然，也不能太过谨慎，畏首畏尾，只要想清楚自己的长处，就要勇于去发挥，开始了也许会失败，但不开始，肯定不会成功。

第 **8** 章

"炒股"是游戏还是投资？
——股票投资让你慢慢变富

你是否知道，在中国，哪一项收入（大于个税起征点的收入）是免税的？

2015年9月7日，财政部、国家税务总局、证监会联合发布的《关于上市公司股息红利差别化个人所得税政策有关问题的通知》中明确提到，从2015年9月8日起：持股期限超过1年的，股息红利所得暂免征收个人所得税。

股票买卖交易中，除了印花税和证券公司的交易手续费之外，目前我国税法对于投资者投资沪深两市，以及通过沪港通持有港股的股票，资本利得也是暂免征收个人所得税的。

中国目前的税收政策，是不是对股市投资特别友好？

之所以在后面章节才来讨论股市投资，一方面是因为股市投资相对复杂，需要更多的财务知识、公司经营知识、宏观金融环境知识等，我和女儿也是直到她12岁才开始讨论；另一方面，虽然很多成年人也炒股，但对股市的认知也非常有限，存在各种各样的观点，充满了争议。

纸币会贬值，各国的纸币长期来看是最差的保值工具，也就是说你把钱存在银行是最没用的。但是许多人都喜欢把钱存在银行，一来风险小，二来觉得有钱才有安全感。把钱换成其他资产，比如股票，可能会觉得有点慌，尤其在股票下跌的时候。比纸币稍好一点的是黄金，但是拉长时间维度来看，黄金的收益率也比较低，很难大幅增值。黄金在面临恶性通货膨胀时，能起到家庭资产避险的作用。但储存黄金不能产生利息，甚至保管黄金还要付出额外的成本，因此黄金仅可保值。往后再看，在当今社会，恶性通胀的发生概率很低，加上黄金的流动性不好，黄金存在一定的保管费用，可能保值都还有点困难。

再好一点的是债券，因为它有一点利息。未来有可能使财富大幅增值的大概率是股票，为什么呢？因为股票的背后是公司，股票是一个公司所有权的一部分。公司有产品，能创造收入、利润和现金流。所以将时间维度拉长来看，不管是未来 10 年还是 100 年，股票一定是有前景的投资工具。

中国在过去 20 年，可能房地产业比较好，但也只是部分地区的房地产投资涨幅好。如果拿出中国最好的一批公司，把那些公司的股票涨幅走势拉出来，和国内最好的一线城市的房价上涨幅度去比较，股票涨幅是远超房价的。

2007 年末，中国 M2[1] 为 40.3442 万亿元。2017 年末，中国 M2 为 167.68 万亿元。显然，从这一对比中可以看到，10 年 M2 增长了 3 倍！而 GDP 在此期间累计上涨不到 2 倍，城镇居民收入、全国住宅价格涨幅均远低于 M2 扩张幅度。2020 年 1 月中国 M2 首次超过 200 万亿元，距离 2013 年 3 月突破 100 万亿元不到 7 年。1998—2017 年 M2 增长了 15 倍，从各类资产价格表现看，绝大部分的工业品、大宗商品、债券、银行理财等收益率都大幅度跑输，只有少数一二线城市地价、房价、医疗、教育等服务类产品在股票市场上的核心资产等收益率跑赢这台"印钞机"。虽然过去 20 年中国房价涨幅惊人，一般人都会认为买房投资是最好的投资，但除个别地区外，房价的平均涨幅依然跑输 M2 增长。2007 年，全国商品房均价约为 3,864 元 / 平方米。2017 年年底，全国商品房均价约为 7,892 元 / 平方米。从 10 年之间的涨幅来看，中国平均房价基本涨了 1 倍出头，而 10 年 M2 涨了 3 倍！

表 2 选择了 1998 年与 2017 年全国、北京、上海的房价和人均可支配收入，以及这两年的 M2 做对比：

---

[1] M2（广义货币供应量）是指流通于银行体系之外的现金加上企业存款、居民储蓄存款以及其他存款，它包括了一切可能成为现实购买力的货币形式，通常反映的是社会总需求变化和未来通胀的压力状态。近年来，很多国家都把 M2 作为货币供应量的调控目标。——编者注

表2　房价、收入与货币供应量对比

年份	城镇新建住宅销售均价（元/平方米）			城镇人均可支配收入（元）			M2（亿元）
	全国	北京	上海	全国	北京	上海	
1998	1,854	4,812	3,096	5,425	8,472	8,773	104,499
2017	7,614	34,117	24,859	36,396	62,406	62,596	1,676,769
2017/1998	4.11	7.09	8.03	6.71	7.37	7.14	16.05

资料来源：泽平宏观，https://xueqiu.com/4286133092/165025237

全国的住宅均价涨幅不如人均可支配收入涨幅，更远远不如 M2 涨幅。北京、上海的房价涨幅是基本达到人均可支配收入涨幅的，但同样远不如 M2 涨幅。

近两年，中国的 GDP 增速已经放缓，也许最终我们也会像发达国家一样，GDP 增长率逐渐向 2%—3% 靠拢。影响房价的最主要原因也是生产力的提高和城镇化的推进。当 GDP 放缓导致工资增长缓慢，长期支持房价上涨的动力在迅速衰弱。后期房地产也只是一个稳定的资产，或许可以对抗通货膨胀，但仅此而已。以后几年房价不涨，或将成为常态，甚至在部分地区将出现房价下跌的情况。

美国宾夕法尼亚大学大学沃顿商学院的西格尔教授收集了美国在过去 200 多年里各个大类金融资产的表现，1801—2014 年大类资产的回报表现为：以 1 美元为基础，股票是 1,033,487 美元（通货膨胀的影响，年化回报率 6.7%）；名义生产总值 GDP 是 33,751 美元（年化回报率 5.0%）；实际 GDP 是 1,859 美元（通货膨胀的影响，年化回报率 3.6%）；长期债券是 1,642 美元（通货膨胀的影响，年化回报率 3.5%）；短期债券是 275 美元（通货膨胀的影响，年化回报率 2.7%）；黄金是 3.12 美元（通货膨胀的影响，年化回报率 0.5%）；美元现金是 0.051 美元（通货膨胀的影响，年化回报率 −1.4%）。

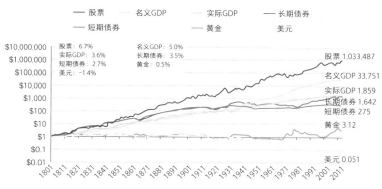

资料来源：Siegel, Jeremy, *Future for Investors*(2005),Bureau of Economic Analysis, Measuring Worth.

图4　美国1801—2014年大类资产的回报表现

　　改革开放 40 多年来，中国经济创造了高速发展的奇迹，用几十年的时间走完了发达国家 200 多年所走的路。究其原因，一方面是中国人民勤劳，还有中国人口红利正好遇到了发达国家制造业转移的机遇。另一方面，也是很重要的一点，就是起点低，我们过去落后发达国家太多，通过模仿、学习以及创新，使生产力飞速发展。接下来，我们和发达国家之间的发展差距变得越来越小，中国的人口红利也渐渐消失，逐渐迈入老龄化社会……面临这些问题，我们如何才能使资产保值增值？

彼得·林奇曾说:"如果你想要自己的资产未来比现在增值更多,那么你应该把大部分资产投资到股票上。即使是未来两三年,甚至五年是大熊市,股市跌得让你后悔根本不应该买股票,你仍然应该把大部分资产投资到股票上。不管是大盘股、小盘股,还是中盘股,只要是买股票,都行。当然前提是你能够用理性明智的态度来选择股票或股票基金,而且在股市调整时不会惊慌失措地全部抛空。"

股票投资与之前的存款游戏、让女儿自主选择一件玩具,有一点是相通的,股票投资其实也是延迟消费,把钱投出去,期望在一段时间之后获得更多的钱。之所以说股票投资收益是高于债券的,是因为股票投资投的是公司,公司的盈利扣除分红外,会保留盈利的一部分,然后进行再投资,股票的最终收益就是公司创造的价值。

比如,1978 年中国确定了改革开放的基本国策,从此以后,中国工业经济规模迅速壮大。1992 年中国工业增加值突破 1 万亿元大关,2007 年突破 10 万亿元大关,2012 年突破 20 万亿元大关,2018 年突破 30 万亿元大关。按不变价格计算,2018 年比 1978 年增长 184.7 倍,年均增长 13.95%。其实从更早开始计算,也是差不多的。工业增加值从 1952 年的 119.5 亿元增加到 2018 年的 30.11 万亿元,按不变价格计算增长 2,518.6 倍,年均增长 12.6%。因此,年均增长 12%—13%,就是股票投资的正常平均合理价值。

当然,各种数据都显示其实 70% 以上的股民是亏损的,真正能够将投资时间拉长至 10 年、20 年, 穿越多个熊市、牛市的周期, 还能够稳定盈利的只有很少一部分人。不只是一般散户如此, 国内所有机构中, 大部分产品能够保持 10 年以上的业绩稳定盈利, 年化利率能达 15% 以上的也是不多的。但是大多数股民非常有自信, 虽然账户可能已经不敢打开给老婆或老公看了, 还是会有一种莫名的自信, 觉得自己未来一定能赚大钱。所以我们要对股市有客观认识, 股市投资需要正确的理念和持续不断的学习能力。尤其是刚进入股市的人, 最怕是一开始就赚到了钱, 然后就觉得自己是股神了, 于是开始加大资金量, 甚至加杠杆, 亏损后依然不服输, 继续加大资金量, 加大杠杆, 变成赌徒, 最终倾家荡产。

准备在股市里游戏还是投资?

在参与股票投资时首先要想清楚, 你"炒股"是准备游戏还是投资? 如果是游戏, 则没有讨论的必要, 买你喜欢的就好。大部分人不会把房子卖了扛着钱去赌博。

2019 年 3 月 15 日, 深圳证券交易所发布《2018 年个人投资者状况调查报告》, 50 万元以下的投资者(中小投资者)占比 80.0%, 10 万元以下的投资者占比 40.9%。可见在中国市场, 还是中小投资者占大头。这其中很多人就是以游戏的心态参与股市。

很大一部分人，对于买卖的股票只知道名称或者上市公司代码，甚至对这个公司做什么都不清楚，依据道听途说的消息或者看到某个论坛上的言论就买进、卖出，买的股票能否盈利，就如打扑克牌一样，全靠运气。当然，打扑克牌也有技巧，专业的桥牌比赛也不是随便就能参与的，我们这里说的只是日常的扑克游戏。由于投入较小，赚了固然高兴，亏了也不至于伤筋动骨。正如打扑克输了一样，当时会影响情绪，可是过后又会兴趣盎然地参与其中。此时你一定要清楚，假如把炒股当成一种娱乐或游戏，输一些钱是正常的，别指望赢钱。

别用你的业余爱好，去挑战别人吃饭的本事

如果你进入股市是准备投资的，那么就要认真对待，要避免用业余的态度来做专业的事。千万别用你的业余爱好，去挑战别人吃饭的本事。

韩寒写过一篇文章《我也曾对那种力量一无所知》。韩寒和几个球友应邀参加一场慈善足球赛，同队的基本都是上海高中各个校队的优秀球员，对手是上海一支职业球队的儿童预备队，都是五年级左右的学生。上海高中名校联队去的时候欢声笑语，都彼此告诫要对小学生下手轻一点，毕竟人家是儿童。结果比赛开始后，韩寒所

在的名校联队进球 0 个，传球成功不到 10 次，其他时间都在被小学生们像狗一样遛。上半场 20 分钟，就被灌了将近 20 个球。最后这场比赛没有下半场——对方教练终止了比赛，说不能和这样的对手踢球，会影响小队员们的心智健康。韩寒还举了一个打台球的例子。韩寒有个外号叫"赛车场丁俊晖"，还有个外号叫"松江新城区奥沙利文"，有一次，他有机会去和潘晓婷打球，比赛前约定输了的开球，那个夜晚，韩寒基本上只在干一件事情，就是开球。

同理，我们要明白，股票投资其实也是一项非常专业的事情，因为股票投资几乎没有门槛，任何人都可以参与，很多人就抱着娱乐的心态参与股票交易。此时，我们一定要明白一点，如果我们只是娱乐，那就要做好付费的打算。去看电影是要花钱买门票的，去KTV 唱歌也是要付费的，如果把参与股市交易当作娱乐，自然应该付费。

在股市投资上，许多人不了解所买的股票对应的上市公司情况，不了解财务指标，在什么都不懂的情况下，只买了一串股票代码，以为这就能赚钱。那么你只是把股票当筹码，把股市当成了赌场。当然短期内也是有可能赚钱的，但赚钱完全是偶然，长期亏钱才是必然。股市投资最容易出现的情况就是用业余、娱乐的态度进入股市，以为股市是提款机。如果我们确实希望做股市投资，那么就要做系统的学习，并且一辈子保持学习心态。因为经济发展是一直在变化的，我们要跟得上经济发展的变化，并且通过实践，逐步建立自己的交易系统，也就是建立自己的股市买卖交易逻辑。随着自己能力的提高，不断地总结错误，随着经济发展的变化，不断地优化自己的投资系统。

投资要趁早

股票投资要理解一个词"不疾而速"，这个词原文出自《周易》，"唯神也，不疾而速，不行而至"，可能比较难理解一点，用现在的话来说，就是只有像神那么厉害，才能做到看起来很慢实际上却很快，不用走就能穿越时空，瞬息而至。在复利游戏中，我们已分享过复利的表格，投入 1 万元，如果按 15% 的年回报率，经过 50 年，就变成了 1,084 万元。如果取得了 20% 的年回报率，那么 50 年后，当初的 1 万元，就会变成 9,100 万元。因此股市投资要理解的第一点是"慢慢变富"。

贝索斯曾经问巴菲特："你的投资体系那么简单，为什么你是全世界第二富有的人，别人不做和你一样的事情？"巴菲特回答说："因为没有人愿意慢慢变富。"股市投资首先要有慢慢变富的心态，相对应的也就是投资要趁早。

投资要趁早不仅指的是开始的时间要趁早，更重要的是学习投资的时间要趁早。当然，如果只是把赌博当投资，再早开始都只是赌徒。也有的人在股市几十年，依然连公司年报都看不懂，依然是拿着一串公式代码炒来炒去，这样的人，不要说指望炒股变富了，能长时间在股市里存活就不容易了。

小游戏十一：第一次选股

女儿通过自己的努力，2018年考上了南京外国语学校的初中部，南京外国语学校在南京乃至全国都算得上最好的中学之一。女儿正式拿到录取通知书后，我们全家都很高兴，亲戚朋友知道后也都祝贺我们。

我想借机奖励一下女儿。本来在小学阶段，我就想让女儿接触一些股票常识，但那个时候担心她年纪小听不懂。等到了6年级，为了应对小升初，学业又太忙了，时间挺紧张的，我一直也没有找到机会好好给女儿系统性地讲解股票知识。如今正好小学毕业了，人生准备进入下一阶段，我准备开始给女儿上这堂股市投资的课。

"女儿，为了祝贺你考上南京外国语学校，爸爸准备送你一只股票。"女儿拿到南外录取通知书的当天中午，我就开始跟女儿沟通。

"是吗？"女儿十分好奇，"那准备送我什么股票呢？"

之前虽然没有跟女儿系统地沟通过股票知识，但因为我投资股市多年，女儿耳濡目染，还是对股票有点概念的。我没有马上回答她是什么股票，而是开始跟她探讨。

"这只股票将成为你人生中持有的第一只股票，希望这只股票能伴随你10年以上，10年后你大学差不多毕业了，或继续读研究生，或走入社会，也许它将是你走入社会的一笔粮草。当然，能伴随你越久越好。只需要这家公司能稳定地发展，预期寿命长，10年以后这家公司依然健康存在。"

预期10年，这对女儿的年龄而言，还是很长的。忽然要让女儿找出一家预期10年后还存在且发展得很好的公司，就更难了。女儿一脸茫然，尤其是她还没有系统地学习过公司分析。所以，一开始只能我来帮助她，让她在有限的范围内选择。在选择过程中，探讨投资理念，在实践中逐步学习。持有股票再学习，也会更具象。

之所以我提出以10年的时间来看待，就是为了在女儿一开始接触股市时，就能端正投资的概念，能意识到买股票就是买公司，不是买一个赌博筹码。

我打开投资者的交流平台雪球App，点开自选股票栏，让女儿看。第一次选股，我要降低她选择的难度，只让她二选一。

"今天我们在A股的招商银行和港股的腾讯控股中进行选择。这两家公司你都是有接触的，我们要买的就应该是自己相对熟悉的公司的股票。"因为近20年，我主要的银行账户就开在招商银行，女儿也跟我去过多次招商银行。

"微信是腾讯的吗？"女儿来了兴趣，稍微思考了一下，就试探地开始问我。

"是的,微信是腾讯控股的。"我很高兴女儿的思考方向是正确的,先搞清楚公司是做什么的。这也是投资一家公司的常识,但有很多人连这一点都没做到。

"微信是腾讯的,QQ 是不是也是腾讯的呢?"女儿继续发问。

"是的,微信和 QQ 都是腾讯的,还有很多游戏也是腾讯的。"我很自然地告诉她。

"那我选腾讯。"女儿非常干脆,也很兴奋地说。

"为什么?这么快就决定了?这可不是赌大小。"

"银行我没有觉得有特别大的区别,我不知道招商银行跟其他银行的区别是什么。但微信和 QQ 我们大家都用,我们很多同学还充值成为 QQ 超级会员,很多人在腾讯视频上花 400 元办 VIP 会员,许多同学还花了更多的钱玩游戏,尤其是男同学在游戏上花钱更多。我觉得腾讯应该会更有发展前途。"女儿快速地说出了选择理由。

虽然女儿还说不出什么大道理,说得也有些局限,但从自己熟悉的角度进行选择,正是符合我的选股理念。在她眼里,确实看不出银行间的区别,而她和身边的人已离不开腾讯的产品。

这也是能力圈的概念,每个人的认知范围和能力范围都是不同的,应在自己的认知范围内进行选择。不要轻易跑到自己认知范围之外的地方去投资。超出范围就是在赌运气。不用担心自己的认知范围小。拿自己不具备的能力和别人的优势相比,短期有可能会赢,

但长期来看大概率会输。

我也很干脆地回答女儿："同意你的选择，我们马上买入。"

因为证监会规定，股票开户者需年满 18 周岁，女儿无法拥有自己的账户。我打开了手机里证券公司的软件平台，教女儿操作，用我的账户，在 2018 年 7 月 6 日，让女儿以 388 港元／股的价格买了 200股腾讯控股。当时 A 股的招商银行是 25 元／股。

买入游戏很快就结束了，但真正股市投资的游戏才刚刚开始。买入后就是长期地持有和关注公司的基本情况变化，买入股票后女儿学习股市投资之路也就正式开始了。

到了 2018 年年底，腾讯控股跌到 314 港元／股，而招商银行25.20 元／股。显然，从短期看，女儿选的腾讯控股亏了。但我认为，这是一件好事。首先，作为女儿买的第一只股票，短期内下跌，远比短期内大涨好。这样就能避免女儿以为自己拥有特别的能力。股市七亏二平一赢，而初入股市者往往高估自己的判断能力，认为自己高人一等，属于能赢的那 10%，可如果每个人都认为自己属于能赢的那10%，那么另外那 90% 是谁呢？

很多时候，如果刚入股市时碰巧买的股票价格大幅上涨，投资者会以为自己是与众不同的，拥有独特的能力，很难清醒地认识到这只是偶然的运气好。即使将其归结为运气，也有可能认为自己在这方面运气会特别好，不只是第一次好，而且会一直运气好。这些都容易让人盲目自信，开始投入更大的资金。

而第一次买的股票下跌，能让女儿一开始就明白，自己并没有独特的能力，而是需要认真地学习、研究，对股市投资抱有更慎重的态度。

最重要的是让她进一步思考：这种下跌是自己买错了，还是值钱的东西降价了？价格变低了以后，是否更值得购买了？

区分损失厌恶心理和理性的越跌越买

人性中有一种对损失厌恶的天性，损失厌恶心理多用来表现人们对于即时损失信号的具体情绪反应，由美国普林斯顿大学教授卡尼曼和特沃斯基在 20 世纪 70 年代提出。在这种心理的驱使下，当面对等价的收益和损失时，人们多数会对损失产生更大的反应。实验证明，损失所带来的负效用是等量收益所带来的正效用的 2.5 倍。

具体到股票投资上，就是股票买入后如果遇到下跌，有一部分人会有翻本的迫切心理。正是这种天性导致很多投资者走上了不归路——往往一开始亏损并不多，但为了翻本不断加注，甚至是借钱做杠杆加注，结果越亏越多。尤其是采用杠杆后，下跌可能导致倾家荡产、血本无归。

在赌场中这一幕是常见的。赌输了，一开始输的数额其实还不至于影响生活，但输了以后为了回本，投入更大的金额，开始跟亲戚朋友借钱，甚至借高利贷赌博，想最后再博一把，回本了就不赌了，最后甚至赌到倾家荡产。

说回到股市投资中。股市投资是复杂的，并不是说下跌了就要止损，就要卖出。股市投资中，如果你认可自己所买股票对应的公司价值，认为388港元/股买入是值得的，如果公司的内在价值并没有变化，甚至随着时间的推移，公司的内在价值更大了，但是公司的股价却下跌了，此时正确的做法不仅不要卖出，而且应该是持续买入，越跌越买。当然这个前提是对公司价值的正确判断。别把股票当赌博的筹码，而要看股票对应的公司，看公司后面的价值。如果下跌的原因是公司经营管理出现了问题，或者其他原因导致公司的价值降低，那么这时就应该卖出，而不是再买入。

因此，同样是股价下跌，采取的方式可能是完全相反的。

我并不认为女儿在招商银行和腾讯控股间选择腾讯控股是错误的，我告诉女儿股市投资需要拉长时间去看，而不是短期几个月，甚至不是根据一两年间的涨跌来判断。短期股市的涨跌和个股的涨跌是无法判断的。而相对长期的时间，投资是看概率的。首先是看公司发展的概率，看公司不断成长的概率高还是公司衰退、倒闭的概率高。如果判断公司成长的概率高，那么这时候就得看价格是否合适。如果觉得价格也是合适的，就可以买入，后面价格跌了的话，那就更值得买入。

如果你认真分析思考后，发现判断错误，那么无论当前的股价相对于买入价格是涨是跌，都应该第一时间卖出。而分析后买入的公司继续良性发展，若股价持续下跌，这时候应该做的就是越跌越买。

小游戏十二：精确分析

在女儿买入腾讯控股一年后，2019 年 7 月 6 日（非交易日，数据是上个交易日收盘价）腾讯控股 359.8 港元 / 股，同期招商银行 36.47 元 / 股，女儿买的腾讯控股依然是亏损的。

上中学后，女儿学习更忙了，很难有时间系统地学习股市投资，更多的是我见缝插针式地和她做一些讨论。一天傍晚，我跟女儿打车去保利大剧院听一场音乐会，在车上我跟女儿又谈到了股票投资。

"爸爸，我们能否从概率角度进行更精确的分析？"女儿忽然提出一个疑问。

"是的，投资就是投概率，我们因为觉得股票会大概率上涨，所以才会买入，但无法预测具体上涨的时间。"我对女儿提出的思考方向感到很高兴。

女儿对我这个回答不够满意，继续提出："我说的不是这种模糊的概率，而是说，是否有精确的公式能计算出来？"

我回答道："我们能通过财务报表，精确计算这个公司历史上的经营情况、盈利情况，当然前提是这个公司的财务报表没有作假，根据此公司的历史数据是可以精确计算出来的。但是投资公司不仅要看历史，更要看公司的未来，而对未来的精确计算是有困难的。"

"还是想能找到一个公式来计算。"女儿继续探究。

"经济活动是一个非常复杂的过程，影响因素有很多。未来的情况一方面通过历史经营情况去推测，需要参考这个公司历史上是否多年稳定经营。另一方面看公司管理层是否更换，该公司所处的行业发展状况，该公司在行业中的地位，竞争情况等，去推测未来的发展情况。但这还只是推测，不能说精确预测。"我为能跟女儿继续深入讨论股市投资而高兴。

女儿并不放弃自己的想法："能否将各种情况变成一定的系数，依然去计算概率？"

"这个想法很好，只是这个需要丰富的经验和对未来变化的洞察能力。爸爸做投资，也是通过考虑这些因素，在心里计算出一个概率，但确实没有精确计算过。"

接着我又打了一个比方："比如，我们坐在出租车上，现在已经过去十多分钟了，我们能否精确计算出到达保利大剧院的时间？车辆行驶这个已经是相对简单的问题，但依然受到道路车流情况、红绿灯情况，以及司机驾驶情况等影响。我们来看看再过多长时间能到保利大剧院？"

女儿大概有些理解，就带着开玩笑的语气说："再过 15 分钟到。"

因为路上有点堵，我们最终大概过了 20 分钟才到大剧院。到了大剧院后，离演出开始还有一些时间，我们继续刚才的话题。女儿说："如果我刚才认真计算了距离和车速，我猜的时间就能更准确一些。"

我说："是的，会更准确一些，但依然很难精确，因为你无法预测下一个路口是红灯还是绿灯，无法预测前面车流量的变化。但你会说 15 分钟，也是有了大致测算的。

"投资也是类似的，我们在购买股票时，就是因为大概率以后股价会上涨。股价上涨的原因是我们判断公司的经营情况会越来越好。但因为我们无法精确预测未来的变化，所以我们购买时价格要合适。同样的标准，价格越低，安全点就越高。正如我们刚才预测到达大剧院的时间，如果我们预测的是 15 个小时以内到达，那么我们正确的概率就是 99.9%。股票通过计算、判断，大概值 50 元 / 股，而市场给我们 10 元 / 股的机会，那么我们赚钱的概率就会大大提高。要么购买足够低估的股票，这样也就有了容错空间，等价值回归，赚价值回归的钱；要么以适当的价格购买优秀的企业，伴随着企业的成长，赚企业成长的钱。比如我们购买的腾讯控股，虽然我们买入的价格谈不上便宜，但也不贵。我们预计大概率 10 年内腾讯的股票能以 15% 的速度成长，那么，我们就能赚到这 15% 的钱。而我们投资每年能达到 15% 的收益率就非常可观了。投资中如果买的是一家烂公司的股票，短期股票价格有可能跌，也有可能涨，但长期看只会让你血本无归。"

女儿这时说："明白了。"没有再跟我讨论下去。

当然我还是欣赏她提出的"精确计算"这个思考点。虽然未来不可能精确计算出一个结果，但我们在思考过程中还是要尽可能地去精确计算公司的价值，而不是拍脑袋随便决定。

"以后你学了更多的知识，有了更多的经验后，我希望你建立一个自己的投资公式，有一个投资公式帮你计算，成功的概率肯定会大于随随便便投资的概率。"

女儿不解地问我："这种投资公式，最重要的是学好数学吗？"

我告诉她："数学是需要用到的，但也只是用到很基础的数学。另外只学好数学是没有用的，否则数学家就都成投资大师了。同样，只学好财务知识也没用，投资需要综合知识，需要数学、财务知识、金融知识等，同样也需要懂公司的经营、管理，心理知识等，以及需要大量的阅读积累，甚至大量阅读仍旧不够，还应该有一种批判接受、合理应用的态度。大部分人看书都抓不住正确的重点，看完了也不会学以致用。其实，阅读思考如果能再加上企业经营和管理的经验，投资就能更上一个台阶。"

音乐会马上开始了，我们中断了交流，开始欣赏美妙的音乐。音乐会前的这段交流让我心中倍感欣慰，女儿也提醒了我以后投资中要更加系统化，对公司价值的计算尽可能地精确。

股票投资用一句话简单概括就是：在适当的价格买入属于自己能力范围内的、管理优秀的成长型公司股票。而短期股价的涨跌无法预测，也不必太过在意，只要相对长期地持股就行。股市是世界上最大、最直观的金钱游戏，很多领域可能是一分耕耘就会有一分收获，而股市并不是这样的地方，尤其不能频繁地交易。只有在投资理念正确的前提下，研究公司基本情况和行业趋势，在合适的价格买入并坚持自己的判断，我们才能有很好的收获。难点在于面对每天、每月涨跌都要做到理性，面对长期与自己预期不一致的走势要保持耐心，坚持自己的判断。

买股与买衣

女儿已是大姑娘了，买什么样的衣服她已经有了自己的主见。2019 年双十一前几天，她提醒她的妈妈，今年双十一她也要买一些东西。

我故意问她："为何不现在买，要等双十一再买？"

女儿笑话我，跟她妈妈说："老爸是个没有生活常识的人，他不知道同样的东西，等过几天双十一了，就会打折，会便宜不少。"

我反过来也告诉女儿，"没有常识的人在股市里特别多，涨价了反而买的人多，打折后买的人少，而且打折后，很多人还唉声叹气。"

女儿觉得有点不可思议，怀疑是她老爸骗人。其实这个现象只要观察股市都会发现，是非常典型的现象。股市下跌，各种股市论坛上，各种投资社区交流软件上，甚至朋友聚会交流上，都是抱怨、懊悔一片。股市上涨，大家都开心、欣喜。

其实也是很好理解的，股市上涨时，看着自己买入的股票价格越来越高，就觉得自己越来越有钱了，自然很开心。看到股票价格下跌，觉得自己的资产缩水了，因此就唉声叹气，后悔自己没有早点卖出。

正常理性的做法，当然应该是等股票下跌，价格便宜了，才更值得买入。我告诉女儿，去年为她买入的腾讯控股出现下跌后，我不仅不懊恼，反而觉得是继续买入的更好时机，在下跌过程中不断加仓。在 376 港元 / 股、355 港元 / 股、336 港元 / 股、320 港元 / 股分别加仓买入，最低的买入价是 2018 年 10 月 11 日 268 港元 / 股。多次的不同价位买入后，持仓成本已是 325 港元 / 股。经过多次加仓后，腾讯控股已成为我的第一大持仓股。前后总共加仓 12 次，至今还没卖出一股。

女儿选择了腾讯控股，也是我持续加仓腾讯控股的一个原因。今后如果腾讯控股持续良性发展，女儿和我都会有丰厚的收益。

正如购买其他商品一样，如果这个商品我们觉得需要，打折后购买是更明智的选择。在每年的双十一购物狂欢节，就是因为商家打折促销，商家们迎来了巨大的成交额。（2019 年根据阿里巴巴公布的数据显示，当日天猫双十一成交额达 2684 亿元。）双十一已成为中国电子商务行业的年度盛事，并且逐渐影响到国际电子商务行业。

然而在股市上却有个很奇怪的现象，很多人追涨杀跌，当股票上涨后反而有越来越多的人购买，而当股票下跌后，同样的公司、同样的股票，人们反而不买入了，甚至是"卖出止损"。这种现象若放在日常生活中会非常可笑。比如，当一件物品大家觉得价值10元时，涨到15元开始买了，涨到20元买得更开心了，而跌到5元时，反而不买了。而这种现象在股市里却很常见。

女儿十分不理解，就问我："老爸，那为何会出现这种现象呢？进入股市的人不可能都是傻子啊？"

我一时语塞，不知道如何简洁地给女儿解释这个股市的"正常"现象。根本原因是，股市放大了人性的贪婪和恐惧心理。经常出现追涨杀跌的现象，是因为投资中的大多数人由于贪婪而导致激进投资，在价格便宜时又因为怯懦而不敢下手。

在股票投资中，最常遇到的问题就是有人会问："股票投资风险是不是特别大，如果做得好，收益也会非常大吗？"我对这两个问题的回答都是否定的。股票投资只要买入的是价格合适的优秀公司，是没有大风险的。同时，股市投资想一夜暴富也是不可能的。

比如以十倍市盈率不到的价格买入招商银行或者中国平安。我想，如果招商银行、中国平安倒闭了，而这两家在各自行业中都属于中国最强的公司，那么中国其他很多公司也很可能倒闭。你是否觉得你上班的公司就更安全呢？另外，许多上市公司的股息都超过了银行存款的利息。之前我和女儿讨论过的2018年的25元/股的招商银行,按照2017年年报,招商银行的分红派息是每10股派8.4元。按照25元/股的价格,股息率就是3.36%,而2018年一年期存款基准利率是1.5%,招行的股息每年都是增长的。

股票投资的风险是很小的,但投机风险很大。无论你买的是招商银行还是腾讯控股,不要指望今天买了,明天就上涨,过几天就卖。上涨和下跌的概率很可能是差不多的,那么这种股票投资的风险就是巨大的。甚至股票投资的收益以几年为期来看,也不会特别大,不要指望一年赚30%—50%,一代股神巴菲特从1965年至2014年,伯克希尔·哈撒韦账面资产平均复合增长率也只有19.4%,市值复合增长率为21.6%。但是,长期来看,我们上文已经提到过,如果是按

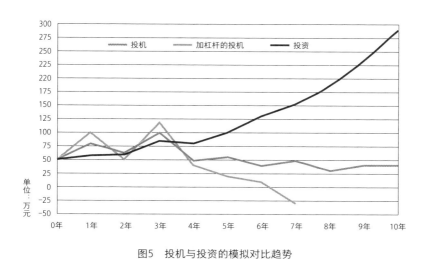

图5　投机与投资的模拟对比趋势

年 20% 的复利计算，1 万元，50 年后就是 9,100 万元。因此短期看，股票投资收益不会特别大，但长期看，收益是特别大的。

投资是慢慢变富。

股市投资简单三步

1. 如何选股？

简单来说，就是选择一家具备良好市场潜力的产品或服务的公司，该公司的产品或服务使得公司的销售额至少在几年内能够大幅成长。而且公司拥有强大的市场地位，其他公司短期内很难超越。

那么我们又如何做到有能力判断一家公司的潜力呢？

这就涉及我们之前提到过的能力圈，也就是只在自己的能力范围内进行选择。如果一家公司你看不懂，无论是听说这家公司很优秀，还是听说这家公司的股价将大幅上涨，都要明白这跟自己没什么关系。"弱水三千，只取一瓢饮"，作为个人投资者，一生中只需要找到几家公司就可以了。对于能力圈之外的公司股票，要勇于承认自己的局限性，也要有毅力抵御来自能力圈之外的诱惑。

另外，一个人的能力圈也不是一成不变的，我们需要不断学习，在实践中不停地反思自己。世界是日新月异的，经济环境也在不断地发生变化，这就要求我们不断地学习来提高自己的认知能力，扩大能力圈边界，包括对已知事物的再思考和持续升级的认知。即使同样一个事物，我们在不同认知程度之下的解读也是不一样的。

在能力圈范围内，我们可以从公司所处的行业地位、产品服务质量、管理层的能力、是否愿意维护小股东利益、公司发展潜力以及面临的竞争情况等多方面来判断这个公司。

2. 什么价格适合买入？

在自己的能力圈范围内判断出一家优秀的公司，那么什么价格可以买入呢？

什么才是合理的价格呢？

买入一家公司的股票，其实就是投资一家公司，投资的是公司的未来，而不是公司的过去。公司过去的表现是判断公司未来的重要依据，但依然要清楚的是，我们买的是这家公司未来现金流的折现价值。通过预测公司将来的现金流量并按照一定的贴现率计算公司的现值，从而确定现阶段股票的合理价格。

这涉及如何计算的问题。首先要明白一点，因为是未来的收入，所以不存在精确计算的问题，这里提供的只是一个判断的框架和思考的模式。我认为股市投资更大程度上像是一门艺术，而不是一门科学，只能选模糊的正确，而不是精确的错误，但依然需要一个价格参考。

在这里我们不讨论复杂的现金流折现计算公式，我本人采用的是未来 5 年的盈利估算对应价格和采用更简单的 PEG 指标[1]数值衡量。

在《邓普顿教你逆向投资》[2]一书中,提到了约翰寻找股票的标准,原文翻译的文字是:"用当前每股价格除以他估计的未来 5 年的每股收益,然后得出一个数字,股票交易价格不能超过这个数字的 5 倍。"这句话翻译得有些不好理解,应该是"股票交易价格不能超过未来 5 年每股收益的 5 倍"。按照这个价格购买,安全边际是比较高的。

当然这个未来第五年的每股盈利,只能是估算。比如,某公司现在每股盈利 1 元,每年增长 15%,5 年后每股盈利 2 元,2 元的 5 倍就是 10 元。也就是说,如果现在股价是 10 元/股左右或低于 10 元/股,那么就值得购买。

还有一个更简单的采取 PEG 衡量的模式:

PE(市盈率)= 每股市价/每股收益

PEG(市盈率相对盈利增长比率)=PE/企业年盈利增长率

---

[1] PEG 指标(市盈率相对盈利增长比率)是用公司的市盈率除以公司的盈利增长速度。——编者注

[2]《邓普顿教你逆向投资》(*Investing the Templeton Way*),劳伦·C.邓普顿、斯科特·菲利普斯著,杨晓红译,中信出版社,2010 年 10 月。——编者注

这里的企业年盈利增长率，也是采用未来 5 年预期的每股盈利年复合增长率。

比如，上面举例的某公司现在每股盈利 1 元，每年增长 15%，现在股价是 10 元，那么该公司的 PEG=10/1/15=0.67。

我在股市投资操作中，PEG 在 1 左右或低于 1，我认为价格就是合适的。

财务指标的意义是为自己买入的股票是否具备安全边际作出判断，买入低估的股票并不能确保买入后上涨，只能是减少亏损的可能性。

那么，好公司就可以无脑买进吗？

无论多好的资产，如果买进价格过高，都会变成失败的投资。

霍华德·马克斯在他的经典著作《投资最重要的事》中曾反复强调，投资最重要的不仅是买好的，更要买得好。

著名的中国石油 2007 年 11 月 5 日在沪市挂牌上市，上市当天的开盘价格为 48.60 元 / 股，如果当时按照这个价格买入，十多年来，中国石油是在发展的，2007 年年报营业收入是 8,363.53 亿元，2019 年年报营业收入 2.52 万亿元。但直到 2020 年的最后一天，中国石油收盘的价格是 4.15 元 / 股。

我们来简单看看当年中国石油 48.60 元 / 股的价格。按照上市前一年的年报，2006 年度每股收益是 0.76 元，当时的 PE 是 63.95 倍。用当年的这个开盘价 48.60 元，乘以中国石油总股本 1,830.21

亿股，中国石油的总市值已经达到了 88,948.206 亿元，折合成美元是 11,923.3922 亿美元（按 7.46 的汇率计算），超越埃克森美孚当前的总市值 4,876.82 亿美元，成全球市值第一公司。这样一比较，中国石油的贵是显而易见的。

到了 2011 年，每股收益是 0.73 元，也就是说实际 5 年中每股收益是没有增长的。5 年后的盈利算出 PE 是 66.58 倍，按照 PEG 计算，数值就是无穷大。就算上市当时无法预测后面 5 年盈利没有增长，采取按上市前两年的盈利数来计算增长率，2004 年每股收益是 0.55 元，也就是年复合增长率为 17.6%，那么 PEG=63.95/17.6=3.63，高估也是显而易见。

所以买入的价格是不是高，是股市投资中非常重要的一点。评估一只股票是否具有"投资价值"，重点不在于其"价值"是多少，也不在于其"价格"是多少，而是在于"价值与价格的差距"是多少。很多人分不清"价值、价格、投资价值"的关系，以为只要价值高，再贵都值得买，或者以为价格低，再差也值得买，其实都是错误的！只有那些有潜力的企业，价格大幅低于价值时，才是最好的投资机会。

再回到我们之前讨论的，购买招商银行还是腾讯控股的选择，通过这个案例进一步来看股市投资中的选股和买入逻辑。

我们先来看招商银行。

首先从公司所处行业、行业中的地位和公司管理层的角度看，我认为招商银行是中国所有银行中最优秀的。在我本人的日常生活中，从 2000 年开始就只有招商银行卡。这么多年来因工作的原因也接触过其他银行，用户体验没有超过招商银行的。虽然现在人们已经很少需要去银行柜台办事，招商银行的线下服务优势已不太明显，但是对比其他银行，招商银行的网上银行和 App 体验，我个人认为是其他银行中最好的。现在的网上银行和手机 App 体验的重要程度，就是一二十年前的银行柜台服务。

从对公业务来说，以前对公业务是招商银行的弱项，2014 年我将一家公司的基本户开在了招商银行，在办开户手续时，发现柜台对公业务服务完全不如对私业务的服务好，流程也不是那么顺畅。三年过后，2018 年我又将另一家公司的基本户开在招商银行，发现变化很大。柜台里对公业务非常繁忙，但服务却比较有序了。尤其是对公的网银和手机 App，比我之前用过的其他银行的网银和手机 App 好用太多了。招商银行确实在履行"因您而变"。

其次，从年报的财务数据看，招商银行 2017 年年报，净利润同比增长 13%，扣除非净利润同比增长 14.11%，净资产收益率 16.54%（招商银行近 10 年的净资产收益率都超过 16%）。年报显示 2017 年招商银行贷款减值准备 1,504.32 亿元，同比 2016 年的 1,100.32 亿元增长了 404 亿元；资产减值损失 599.26 亿元，比去年减少 62.33 亿元，减少了 9.42%，是归属于本行股东净利润的 85.43%。不良贷款总额为 573.93 亿元，比同期减少 37.28 亿元，减少 6.1%，不良贷款率为

1.61%，同比下降 0.26 个百分点。关注类贷款为 572.01 亿元，比同期减少 16%，占不良贷款的 99.67%。90 天以内逾期贷款为 161.78 亿元，90 天以上逾期贷款为 456.79 亿元，重组贷款为 180.09 亿元。逾期 90 天以上贷款占不良贷款的 79.59%，2016 年为 78.32%；关注类贷款占不良贷款的 99.67%，2016 年则为 111.42%。这些不良认定数据在全行业同比看是非常严格的。

招商银行连续四个季度实现不良双降，更重要的是，通过核销的拨备来推导处置不良贷款，再加上新生不良，同比就可以看到招商银行实现了新生不良贷款的下降，也就是信用成本的下降。

再看看当时 25 元的股价：2017 年度，每股收益 2.78 元，市净率 1.41 倍，市盈率差不多 9 倍。在宏观经济下行的情况下，市场对银行业比较悲观，担心经济下行形势下，不良贷款将会逐步提高，反映在股价上就是银行股整体都比较便宜，招商银行的股价在银行股中估值是最高的，但市盈率依然不到 10 倍。

从未来预期看，招商银行的管理层无疑是优秀的，可以相信在未来几年内招商银行将依然优秀。招商银行已经先于其他银行全力拥抱金融科技，进一步增加公司在 IT 投研方面的投入。2017 年招行研发费用 47.41 亿元，占营收的百分比为 2.15%。另外，初步确立了招银国际在香港市场中投行的龙头地位。2017 年招银国际在港股主导的 IPO 数量和融资金额都高居榜首，战略投资了包括斗鱼、宁德时代等一批独角兽企业。

但也要看到，银行由于肩负着国内金融系统稳定的责任，所以无法进行充分的竞争，导致优胜劣汰较难推行。行业内优秀的企业并不能够凭借自己的优势来充分市场化兼并中小银行。在此背景下，招商银行也很难发挥出它更大的优势。

招商银行 2017 年年报，净利润同比增长 13.24%。未来 5 年，预期每股盈利年复合增长率按照 10% 计算，PEG=9/10=0.9，属于我定义的低估值区间。

我们再来看看腾讯控股。

腾讯在社交领域还是有很深的"护城河"，多年以前我们用 QQ，当我们转到微信，很少再用 QQ 后，却发现我们的下一代，现在的中小学生，仍在用 QQ，当然他们也用微信。腾讯坐拥微信和 QQ 两款社交神器，并且在游戏领域拥有霸主地位。另外，在金融科技和云服务领域，腾讯依然拥有广阔的发展空间。

微信和微信支付，影响着我们每个人生活的方方面面，出门时我们离开手机几乎寸步难行。

首先，因为微信具有强大的社交属性，所以给予了微信支付巨大的流量入口。相对于支付宝，本人更多使用微信支付。比如，我既可以用微信和朋友交流，也可以用它给朋友转账。

其次，微信支付的付款体验很好。比如，当微信钱包中零钱变多，就转入"零钱通"，支付时可直接用"零钱通"付，不必再转出。

最后，微信已成为服务于各方面生活需要的平台。油卡充值、

"速停车"微信公众号付停车费、滴滴打车入口端等功能,都让我更常使用它。前段时间微信推出保险服务,我自己还在微信上购买了一份保险,购买体验也很顺畅。当然,也许是因为我很少在淘宝购物,所以我在生活中使用得更多的是微信支付。

可以说,腾讯构建了一个完整的商业生态,腾讯投资的京东、美团、拼多多、快手,已经将我们的衣食住行、吃喝玩乐和腾讯牢牢地捆在了一起,已经成为我们生活的一部分,从来没有一家公司的产品能像腾讯控股一样,和每个人的工作、生活如此密不可分。

我认为,在可预见的几年内很难有公司能取代腾讯。这些都是常识,但我们常常熟视无睹,视而不见。

另外,我们也来看看腾讯的财务数据。腾讯控股 2017 年年报,每股收益 7.6 元,净利润同比增长 74%,净资产收益率 27.93%,腾讯控股近 10 年的净资产收益率都超过 23%。2015—2020 年腾讯控股的净利润增长了近 4.6 倍,年复合净利润增长率达到 41.24%。

从当时(2018 年 7 月 6 日)收盘股价 382.8 港元上看,市净率已接近 13 倍,市盈率差不多 45 倍。

未来 5 年,预期的每股盈利年复合增长率如果按照 30% 计算,PEG=45/30=1.5,属于我定义的价格适中、偏贵一些区间。

招商银行与腾讯最终该如何选?

当然,以上有关招商银行与腾讯控股的信息,都是一些基础常识,只是大家都知道的第一层思维,操作时应该提醒自己,既然别人也知道，群体共识已反映在股价上，那么价格所反映出的共识心理，是过于乐观还是过于悲观呢？

招商银行与腾讯控股，其实都是在各自所处行业中非常优秀的公司。25元/股的招商银行与388港元/股的腾讯控股，从价格上来讲都不太贵。单纯从财务指标的价格上看，25元/股、不到10倍市盈率的招商银行，明显比388港元/股票、45倍市盈率的腾讯控股便宜。但从长期业绩增长弹性来说，腾讯控股又明显占优势。

要想取得超过一般投资者的成绩，必须有比群体共识更深入的思考。在股票投资中能不能赚到钱，不在于买入这家公司股票时，这家公司发生了哪些广为人知的事情。相反，主要依赖于判断准备买进股票之后所能预期的事情。因此，对投资者而言，最重要的是将来的利润率，而不是过去的利润率。

从2018年上半年看，市场上对腾讯控股不看好的主要原因，一方面是由于游戏版号审批政策趋严，市场预期腾讯游戏板块很可能将从以往收入的高增长变成低增长，甚至不增长或下滑；另一方面，社交板块也很难持续高增长了。但是，我认为2018年3月开始，所有游戏版号的发放全面暂停，这种措施应该是临时性的，国家不可能彻底取消游戏，电子竞技已被列为正式体育竞赛项目，国内游戏版号有可能还是会恢复审批。而且，金融科技和云服务领域将可能高速增长。腾讯还投资了大量的独角兽企业，这些企业真正的价值还没体现在财务指标中。

如果考虑安全性,我觉得25元/股的招商银行,价格安全性更高,有更好的安全边际。但从发展空间来看,我认为腾讯控股的成长空间大于招商银行。

以上主要是我的分析,女儿还做不到如此系统的分析,她是从她更熟悉的角度进行选择的。我们每个人分析的角度都不同,也不可能都是全面的,从广义来说大都是局限的。因此,女儿从她的认知角度选择了腾讯控股,我是完全支持的。

在我自己的股票账户中,招商银行和腾讯控股这两家公司都是我的持仓股。

3. 何时卖出?

常常有人说"会买的是徒弟,会卖的是师傅",可以看出对卖股票的重视程度。但在何时卖出是有许多误区的。比如有人认为,涨了多少就应该卖出,否则盈利就是假的。跌了多少就应该卖出,这叫止损,认为这叫控制风险,避免风险无限制扩大。这两种观点我是反对的。

不要过快卖出小幅上涨的股票,也不要因为股价的小幅度上涨而不敢持有。评估是否卖出无须考虑买入价格,买入价格只在买入时有意义,买入后就没意义了。认真阅读持仓股的季报、半年报、年报,关注公司的发展状况。如果通过分析发现股价依然被低估,即使跟买入价比已上涨不少,也应该耐心持有。

当然也并不是说买入后就永不卖出。巴菲特说的"一个公司如果你不想持有 10 年,你就不要持有它 10 分钟",我想他的本意并不是说买入的股票都要持有 10 年,而是说,不要做短线,短线有很大风险,要长远考虑一只股票的综合情况。只有能看到 10 年之后公司景象的公司才值得买入。预计一个公司未来 10 年,在大的趋势中能赚到多少钱,如果看不清楚,那么你就不要去买它。

巴菲特本人的持股时间,也并不都是 10 年以上。2010 年,由三位国际学者共同发表的一篇论文,名叫"过分自信、反应不足和沃伦·巴菲特的投资"(*Overconfidence,Under-Reaction ,and Warren Buffett's Investments*),这篇文章统计了巴菲特旗下伯克希尔·哈撒韦公司 1980—2006 年整整 26 年的调仓变化。研究表明:巴菲特的持股时间中位数大概为一年。巴菲特的总持仓中,只有 20% 持股超过 2 年,但却有 30% 股票持股时间小于 6 个月,剩下 50% 在 2 年以内,6 个月以上。

那么哪些情况下股票适合卖出呢?我列出几种适合卖出的情况作为参考。

(1)股价短期涨幅过大,透支了未来多年的盈利。

比如现在的股价,已经是预期未来 5 年的每股盈利的 20 倍以上,对照预期未来 5 年的每股盈利年复合增长率,PEG 已超过 3,我就认为是高估了。

(2)公司的盈利发生变化。

偶尔某个季度，甚至某个年度的盈利下降不可怕，但如果发现公司基本情况恶化，就需要卖出。此时无论是股价上涨还是下跌都要坚决卖出，一家公司即将灭亡时，千万不要相信会有奇迹般的起死回生。

（3）管理层发生变化。

正面的管理层，会想办法降低成本，但不会牺牲员工福利，公司没有等级森严的官僚体制。可以从各项管理费用、销售费用占销售额的比例、管理层薪酬等方面去观察管理层。如果发现该公司管理层没有进取心，甚至正在损害股东利益，这种情况也是需要立刻卖出股票的。

（4）行业景气度发生变化。

如果这个行业不景气，即使股票价格便宜，也需要回避。

这时要注意区别"沙漠之花"——那些低迷行业中的卓越公司。低迷行业成长缓慢，经营不善的弱者一个接一个被淘汰出局，幸存者的市场份额就会随之逐步扩大。投资周期性公司要注意的是，公司的资产负债表是否稳健到足以抵御下一轮低迷时期。

此时值得注意两点，一是行业从景气转为不景气，这时要回避；二是行业已经低迷了较长时间，在竞争淘汰中的幸存者才值得关注。

总的来说，依然是看公司业绩是否增长，如果企业处在低迷行业中，业绩却能快速增长，增长速度比许多热门的快速增长行业中的公司还要快，那么这家公司的投资价值就远远胜过其他公司。

（5）发现有估值更低、潜力更大的公司，而卖出换股。

也就是说股价还谈不上过高估值，但在市场中发现了确定性更高、更有吸引力的股票。此时为了发挥资金的更大利用效率，将原来持有的股票卖出，买入更有吸引力的股票。

当然，这种操作要避免自己成为寓言中的猴子：下山掰玉米，玉米换桃子，桃子换西瓜，后面扔了西瓜追兔子，兔子还跑了。

以上是适宜将股票卖出的五种情形。不能因为单纯的股价下跌而卖出止损，估值正确却不坚定地持有，用处不大。只要估值正确，股价跌了不仅不要卖出止损，反而要越跌越买。

彼得·林奇说过："炒股和减肥一样，决定最终结果的不是头脑，而是毅力。"

当然，估值错误却坚定地持有，后果更糟。除非是公司的盈利能力或市场地位发生变化，又或是管理层发生变化导致无法预期，否则不要因为市场波动导致价格下跌而止损卖出。保证自己能在最艰难的时期坚持不卖出是非常重要的，要做到这一点既需要拥有长期资本，又需要强大的心理素质。

当然，如果发现选股错误，就应该及时卖出，无论上涨还是下跌。不卖出错误的投资，就等于放弃了另一个本来可以重新安排投资而获利的机会。

不使用财务杠杆，避免被迫卖出股份

股票投资使用财务杠杆，指的就是融资交易和保证金交易。杠杆具备放大功能，赌对的话，收益成倍增加；但是赌错的话，损失也成倍扩大，甚至倾家荡产。使用杠杆不会使投资变得更好，也不会提高获利概率。它只是把可能实现的收益或损失扩大化。最重要的是，使用杠杆，可能随时让你的资金清零，让投资者失去东山再起的机会。市场充满了不可预测的变数，一旦出现极端情况，加了杠杆，万一爆仓，可能就再难翻身了。一个懂投资的人，不加杠杆也能赚钱。而一个不懂投资的人，更不应该加杠杆，因为你加了杠杆早晚会亏大钱。凭着侥幸心理，一旦赌赢大赚一笔，心态上就会认为自己是投资高手，进而就会加大筹码继续大赌一把，结果往往最后满盘皆输。

在 2008 年致伯克希尔·哈撒韦公司的股东信里，巴菲特写道："我不会为了额外获利的机会而牺牲哪怕一晚的睡眠。"

我们在选择个股时往往很难判断短期的涨跌，股市总是充满波动性。假如你用自有资金，买了 100 万的股票，股票下跌 20%，市场价变成了 80 万，但你只要没卖出，100 万还是 80 万其实对你没什么实质影响。如果你自有资金 20 万，配资 80 万，同样买入了 100 万的股票，股票下跌 20%，如果你无法及时追加保证金，被强制卖出了，你就一无所有了。这只是一个简单的计算，还没计算你需要付的融资费用。

杠杆不仅可能会给你造成更大的亏损，还剥夺了你对资金的控制权，抹杀了你东山再起的机会。

当我们融资交易时，券商都会定有平仓线，一旦跌破平仓线，要么追加保证金，要么强制平仓。平仓与否决定权在券商，不会管你的股票是不是马上触底反弹，也没人在乎你想不想坚持。这时你已经失去了对自己账户的控制权。一旦平仓，以后股市涨幅再高也和你没关系了。

市场是不可预测的，20%—30% 的回撤太正常了。比如，2018年 7 月 6 日我给女儿以 388 港元 / 股的价格买入腾讯控股，2018年 10 月 30 日的收盘价是 252.2 港元 / 股，短短三个多月，跌幅达到35%。如果当时是通过券商融资买入，平仓线是 7 折，我就只能继续追加保证金或者被迫卖出。被迫卖出后，我就可能是卖在低点，后面股价的上涨就跟我没关系了。而在我实际的操作中，股价的下跌不仅没让我造成损失，我反而能在 2018 年 10 月 11 日，以 268 港元 / 股的价格加仓，降低了我的总持仓成本。

有人会想，某个个股大幅下跌，是小概率事件，自己买的股票还是很安全的，不会发生暴跌情况。那让我们来看看整个市场的情况。

回顾一下美股：2020 年 3 月 9 日北京时间 21:34，标普 500 指数日内跌 7%，触发第一层熔断机制。这是美股历史上第二次熔断，史诗性大跌，上一次这么惨烈，还是发生在 2008 年国际金融危机时，可以说是"投资者见证历史"。可是同年 3 月 12 日，美国道琼斯指数跌幅 7.20%，标普 500 指数跌幅扩大至 7.02%，触发本周第二次熔断。截至收盘，道琼斯指数下跌 2352.6 点，重挫近 10%，创下 1987 年 10 月以来最大单日跌幅。这还没有完，3 月 16 日美股收盘，三大股指均大幅收跌。道指收跌 12.93%，创 2017 年 6 月以来新低，纳指收跌 12.32%，标普 500 指数收跌 11.98%。道指跌近 13%，创 1987 年 10 月以来最大当日跌幅。3 月 12 日刚说的"创下 1987 年 10 月以来最大当日跌幅"，16 号就刷新了历史。一周时间内美股熔断三次。本以为事不过三，可当地时间 3 月 18 日 12 : 56 左右，标普 500 指数跌超 7%，又熔断了。8 个交易日内美股熔断 4 次！截至当天收盘，道琼斯指数暴跌 1,338.46 点，跌幅 6.30%，报收 19,898.92 点。道琼斯指数时隔三年多，跌破 20,000 点关口。至此，道琼斯指数从 2 月 12 日高点以来，只用了 35 天、24 个交易日就跌掉了近 10,000 点。

当然，事后我们都知道，到了 2020 年底，美股的各指数都大幅上涨，超过了 3 月暴跌之前的高度。如果你是自有资金，并且暴跌中没有离场，3 月的暴跌并不会让你有损失。但如果你是融资，在暴跌中你就可能会被迫卖出，后面的上涨就跟你无关了。

在投资中，严守能力圈，追求足够的安全边际，可以慢慢变富，一生只富一次，放弃赌徒心理。

这里介绍的选股、买入、卖出的逻辑，都只是适合我自己的投资体系。具备不同的认知能力，所采取的投资逻辑和投资体系都是不同的。比如股市中有部分公司完全还没开始盈利，这时候用 PE、PEG 之类的指标是无法判断的。但是，这不代表投资这类公司就不行，而是要考虑自己是否有这个判断能力。

投资没有最好的模式，更没有一个固定不变的公式，适合自己的就是最好的。

普通人的股市投资成长之路

世界上最珍贵的东西，往往是免费或接近免费的。阳光、空气都是免费的。在投资中，真正的老师几乎也是免费的。投资界最成功的人的课程——巴菲特每年的年报，也是免费的，很多人却不知道去学习。还有很多历经了时间长河检验的、投资方面的书籍，买这些书的花费也少，但很多人也不看这些书，宁愿花更多的金钱去参加一些"股市微信交流群""炒股培训班"，这些培训班往往有分阶课程，但无论是哪一阶课程，除了收费不同外，很少能传授什么真正的知识。甚至除了收取学费外，利用微信群、QQ 群等方式，培养众多粉丝，用于操纵股市，游走在犯罪的边缘。而这些花钱参与培训的人，只能成为别人镰刀下的韭菜，被卖了还帮着数钱。

投资股市是否需要高智商？事实上，投资并不需要高智商，投资方法也不难,投资从某些方面来说是一件比较简单的事。在现实生活中,如果是自己当老板做生意,需要很多方面的能力,每天面对各种事情、各种关系要处理,还要面对工商、税务等各种政府部门。经营上要创新、产品要创新、服务要创新,还要面对激烈的市场价格竞争……

很多时候我们都是眼高手低的,真正去经营企业时才发现非常不容易。而投资正好需要的就是"眼高",与其自己创造一个好生意,不如发现并买入一个好生意。在合适的价格,直接挑选优质的公司。只要这个公司每年复合增长率在15%—20%,那么,你也许就能赚到这个公司成长的钱。

股票投资中我们可以去找到一些优秀的公司,甚至是卓越的公司,这些公司大部分是我们在日常生活中可以接触到的。这些公司影响着我们生活的方方面面,只要靠常识就可以判断,但我们却容易对这些常识视而不见。比如前文我们讨论的招商银行、腾讯控股。也许它们还算不上是卓越的公司,但它们绝对是优秀的公司。

2007 年,乔布斯推出还不太成熟的苹果 iPhone 一代手机,预示着移动互联网时代的来临。后面很多年,我们都知道 iPhone 手机很火。紧接着十几年其实也都是投资苹果股票的好机会。尽管巴菲特在 2018 年才重仓投资苹果,到 2020 年依然赚到了几百亿美元。

2013 年,我购买私家车时,跟卖车的销售沟通,销售说我看上的那辆车属于进口组装,主要部件都是进口的。为了证明这点,他特意指出："连玻璃都是进口的,如果是国产的,则会有福耀的标志。"我很好奇,就问他为何国产就一定有福耀标志? 他说这个品牌,国产的配的都是福耀玻璃,这让我第一次了解到福耀玻璃的市场地位。

买车回来后,我就开始留意这只股票,查询相关信息。当时我对股市的理解还非常粗浅,投资体系也尚未建立。但在查询资料中发现,福耀玻璃已在国内汽车玻璃市场占有率排第一,当时的价格市盈率 11 倍左右,股价便宜。实际控制人曹德旺是一位福建人,做了很多慈善。我想这种管理层不可能侵害小股东利益。公司发展好,股价便宜,管理层优秀,值得购买。

于是我在 2013 年 12 月 16 日以 8.69 元/股的价格建仓福耀玻璃。这也是我购买与工作和生活有一定关系的公司的开始。因为买车,进而买了汽车玻璃股。几年后这只股票带给我的盈利,远远超过我当时购买这辆车所付出的价格。我也是从建仓这只股票,开始了我的股票投资之路。虽然我从 2008 年就开始买股票,但都只投入很少的资金,从来也没有系统地学习。从 2013 年底开始,我看了一系列股市投资相关的书籍,逐步建立了自己的投资体系。

股票投资,我们会遇到一段跌宕起伏的"炼狱期",最后经过多年摸爬滚打,投资系统逐步成熟,最终一点点提升,越来越好。普通人的选择最好是工作和投资兼而有之,一份稳定的工作为我们提供现金流,相当于稳定器。同时也要努力地学习股票知识,当打工生涯步入衰退期时,我们的投资工作开始蒸蒸日上。当然,学校毕业后就全职投入到投资领域也未尝不可，但还是要根据自己的兴趣、爱好以及自己的能力来决定。内心对工作喜爱，这项工作就会成为娱乐，我认为这才是工作真正的态度。

沃伦·巴菲特说："一生投资成功，并不需要超群的智商、非凡的商业远见或者内幕消息。真正需要的是一个理智的决策框架和排除情绪侵蚀这个决策框架的能力。"

巴菲特这段话是我非常认同的，股票投资确实需要一套投资体系，由建立决策框架和排除情绪侵蚀这两部分组成。

投资还有许多要考虑的方面，但因为本书不是一本专门介绍股市投资的书，我就不展开详述了，以后有机会也许在另一本专门的股市投资书中介绍、交流。

·

第 9 章

"是不是什么赚钱就做什么工作?"

——充满激情、愉快地工作

一天,我接到一位高中同学的电话,同学说他的孩子高中毕业准备读大学了,咨询我报什么专业以后就业前景能好一些。

可能是因为我的人生阅历稍微丰富一些,因此同学认为我可能会判断得更好。我和同学聊完放下电话后,女儿跑来了,她刚才正好在旁边,也听到了几句我和同学间的谈话。她忽然冒出一句:"爸爸,找工作是不是什么工作赚钱就去做什么工作?"

听到女儿这么直接的话语,我意识到有必要跟女儿好好地沟通一下。也许是因为我从小教育她投资理财的重要性,却忘了强调更为重要的工作和赚钱的理念。

一个正确的赚钱理念,是财商教育中最重要的部分。

金钱只是工作的副产品，并不是工作的全部

我反问女儿："让你去抓一只毛毛虫，给你 10 块钱，你干不干？"（我女儿很怕毛毛虫。）女儿马上说："那当然不干。"

"给你 100 块呢？"我进一步问道。

"给我 1000 块我都不干，哦，如果可以不用我自己干，可以你给我 1000 块，我拿出 100 块雇人干。"

女儿还是反应挺快的，不愧是从小训练过投资思维，我伸出大拇指为她的反应点赞。

于是我告诉她："在考虑做什么工作前，首先得考虑这个工作你是否有兴趣。如果仅是一开始没有兴趣，还可以慢慢培养，但如果是令自己讨厌的工作，即使一开始勉强自己做了，你也很难长期做下去。一项工作如果浅尝辄止，是很难做出什么成绩的。任何工作都需要长期的努力才可能做出优异的成绩。"

"那假如我什么工作都不感兴趣，只想打游戏、踢球和去玩，那怎么办？"女儿又反问我。

我笑了，告诉她："那也没任何问题，只要是你真正感兴趣的，你有兴趣的事就可以变成工作。喜欢游戏，比如开发游戏，甚至只是打游戏，也可以参加游戏竞赛，或者做游戏测试员等，也是可以当成一份职业的。踢足球、打网球都可以成为职业球员，以后还能做教练，就如现在教你网球的教练一样，也是一份很好的工作，关键是要你自

己喜欢。去玩,去旅游,你可以做导游、旅游策划、开发旅游定制产品、开旅游公司等。"

我顺便告诉女儿,有一位在上海的我曾经的同事(女儿也认识),他的儿子现在小学 4 年级。从幼儿园大班开始,就和他爸爸在小区楼下玩足球,到了小学以后开始参加足球兴趣班,一放学就去踢足球。去年三年级时参加了"中国城市少儿足球联赛",四年级时他父亲觉得他确实喜欢足球,就送他到了广东清运的"恒大足球学校"上学,准备走职业球员道路。

我给女儿看了那个同事拍的几个他儿子训练和比赛的视频。女儿觉得特别棒,问我:"他以后能到国家队去踢球吗?"我告诉她:"这很难说,也许他通过努力,展现出自己的天赋,或许可能成为一名国家队的优秀球员,也有可能他进不了国家队,但只要他是热爱足球,他可能会成为足球教练或者体能方面的教练,又也许成为一名足球经纪人,或者创立一家足球俱乐部等,都有可能。总之,会是和他兴趣相关的工作。"

这时女儿告诉我,她并不是真的有兴趣把玩游戏或踢球当作以后的职业。

"我游戏玩一会儿觉得挺好玩的,多玩一会儿就觉得无聊了。偶尔踢踢球也觉得挺好的,但不想长时间地踢球,我只是打一个比方。"

我告诉女儿:"我明白你是打比方。但你在中学阶段,可以找到自己真正的兴趣点,作为自己大学的学习方向和今后的工作方向。"

女儿:"如果喜欢画一些东西,可以做什么工作呢?"

"可以当画家,可以做设计,设计也有很多种,有服装设计、建筑设计、平面设计、动漫设计等。"

女儿的思路一下开阔了,开心地说:"那我觉得设计蛮好玩的,我还喜欢小动物。"

"喜欢小动物也可以有很多工作做啊!比如动物饲养、宠物医生等。你认识的那个还在农学院读大二的哥哥就是学的动物医学。"

女儿继续说:"我还想当演员。"

我问她:"为什么想到当演员呢?"

"演员可以演现实生活中做不到的事,比如飞檐走壁之类的,很好玩。"女儿越想越开心,好像已经开始飞檐走壁了。

过了一会儿,女儿继续接着说:"我还喜欢古生物,喜欢考古,好像投资也挺好玩的,以后当个英语老师也不错,好像我觉得很多工作我都挺有兴趣的。"

我笑了,"那是好事,中学期间你可以广泛涉猎,多看些书,暑假爸爸也带你到各处走走,包括到国外去看看,让你发现自己真正喜欢的,同时发现自己擅长的,一方面要喜欢,另一方面要擅长。爸爸做的事也多跟你聊聊,看看你感兴趣的是什么。有空的话,还可以去一些工作地点参观,甚至实习。"

"我觉得我各方面都不擅长。"忽然女儿又开始自我否定。女儿常常对自己评价偏低,也许也是一种自我保护,期望低一些,结果好一些。

这方面我可不能含糊，我立马纠正她："你擅长很多方面，比如你擅长跳绳。"这时女儿有些较劲地说："我跳绳也一般，不算擅长。"我立即反驳她："你三分钟跳绳是学校的冠军，是现在校纪录保持者。小学时还得过江苏省少年花样跳绳锦标赛冠军，怎么不算擅长？"

"你现在作为学生，你也比较擅长学习，你在读过的不同的小学里，还有现在就读的重点中学里，在班上学习成绩也是排在前10%。"我继续举例。

女儿还想再辩解什么，但也只能说："那也不算长项吧？"我告诉她："这当然是你的长项。当然，你还需要在中学期间不断地学习，包括在各学科中发现自己的兴趣点，发掘出自己的天赋。"

谈话进行了二十几分钟，我开始反问女儿："现在你是否理解了赚钱与工作的关系？"女儿想了想，用比较坚决的口气说："如果我不喜欢的工作，比如抓毛毛虫这种，我坚决不干，但以后我要做什么工作我暂时还不知道。"我也非常肯定地告诉女儿："不用着急，你会知道自己的兴趣点和擅长的方面。当然也有可能会是很多年后才知道，并且有可能自己以为有兴趣的事情，过了几年兴趣又变了，这也很正常。"

我们还约定，暑假时带她去参观一些公司，去看一些工厂。

最后我告诉她："你只需要记住一点：无论你对哪一方面感兴趣，爸爸都会支持你。工作不只是为了赚钱，赚钱是工作的副产品，真正重要的是工作本身带给你的乐趣,还有它带给你的成就感和满足感。"

父母能为孩子做的最好的事,就是不断激发他们的好奇心,尽可能地支持他们去探索这个世界。

其实这个问题在成人世界中,也经常存在。很多人工作了多年,但工作得并不快乐,甚至从来没有想过从工作中可以享受到乐趣。许多人只把工作当成任务,只是为了每个月的工资而干活。刚毕业参加工作时,还有点激情,很快就被现实磨灭了激情。年纪轻轻只想着熬到退休后再去干什么。当然所谓退休以后去干的事,很多也并不是真正喜欢的事,常常只是一个从众的想法。比如去旅游,很多人只是叶公好龙,真退休以后,可能真正只去旅游了一两趟,后面要么嫌累,要么觉得没什么风景好看的,要么嫌花费大,等等。

如果真的有明确的、希望退休后去做的事,为什么不能早点开始呢?

就像我和女儿谈话中,女儿说的"假如我什么工作都不感兴趣,只想打游戏、踢球和去玩,那怎么办?"后面女儿马上承认她并不是真爱玩游戏。而很多人却没有真正想过他是否真爱旅游。绝大部分人并不是真爱旅游,所谓的爱旅游只是不想有压力,只是想不费力地活着。

有些人虽然对工作没什么激情,甚至心生厌恶,但依然会让自己每天加班加点拼命工作,尽力完成工作任务。我觉得这应该属于优秀员工，应该受到鼓励和表扬。但我认为从事自己不喜欢的工作，很难取得优异的成绩。长期从事自己厌恶的工作，对自己是一种折磨。因为长期没有取得好成绩，而得不到公司认可时，还容易心生怨恨，认为自己没有功劳也有苦劳。殊不知如果长期在一个岗位，没有为公司创造出应有的价值，不仅耽误了自己的发展，也对公司造成不利影响，影响了公司的整体绩效。

当然也有很大一部分人，一开始对从事的工作并没有激情，但随着自己的努力，工作上获得了一些成就，进而发现自己逐渐喜欢上了这份工作。因为喜欢，于是更加努力地工作，进而取得了更大的成绩，进入了非常好的正循环工作状态。其实很多人都是这样的，并不知道自己一开始真正喜欢的是什么，但是会随着自己的努力发现自己的兴趣与擅长。

也有些人知道自己喜欢什么，但日常的工作已让他进入一个闭环，他已经习惯了每天到时间上班和下班，没有勇气跳出这个舒适圈，担心做自己喜欢的事会无法养活自己。没有勇气改变其实是惰性和缺乏想象力的表现，更是对自己的不自信。要知道，只有对所做的事业拥有浓厚的兴趣，工作才能有激情，才能让自己长时间努力工作，也只有这样才能创造出佳绩。单纯以赚钱为目的不会创造出超凡的业绩。

害怕改变有很多的借口，比如自己没有背景，没有关系，找不到更好的工作，也不是富二代，创业没资金等。穷人缺什么？表面上缺资金,本质上缺野心,骨子里缺勇气,改变缺行动力。不是富二代,为什么不能争取成为富一代? 抱怨、畏惧都于事无补,能做的只有鼓起勇气改变,让自己一步一步上台阶。

可以温习一下大象被一根矮矮的柱子、细细的链子拴住的故事:驯象人在大象还小的时候,就用一条铁链把它绑在柱子上。由于还没有那么大的力量,无论小象怎样挣扎都无法摆脱锁链的束缚,于是小象渐渐习惯了而不再挣扎。等到它长成了庞然大物后,它本可以轻而易举地挣脱链子,但是大象依然习惯受制于细细的链子,因为在它的惯性思维里,仍然认为摆脱链子是永远不可能的。

是否该遵从父母的安排?

有一种情况,与之前的因为认为自己穷,所以不敢去改变的情况相反。有部分人出身优渥的家庭,父母帮助孩子进入了机关事业单位、国企或家族企业。也有的父母带孩子进入了自己熟悉的领域,接触到丰富的资源,无论孩子是否喜欢,父母也要让孩子去自己熟悉的领域范围和行业。

如果父母的安排,正好是孩子自己喜欢的,那非常好,可以充分利用这个条件,将这个好的起点看作是取得更加辉煌成就的跳板,孩子也能从中获得满足感,这是非常幸运的。我们做任何一项事业,其实都需要很多人的协助,如果父母有能力提供助力,何乐而不为呢?

如果父母的安排,并不是孩子自己喜欢和感兴趣的工作,但又无法拒绝,只是把它当作摆脱辛勤工作和个人挑战的一块挡箭牌,很可能不久之后,孩子就会陷入无法实现自我价值而感到苦恼的境地,工作无法激发热情,甚至可能失去对自我的认同和接受。此时,一边享受父母安排提供的优势,一边又感觉受到束缚,甚至心生不满。善意的父母给子女铺的道路太平坦,子女收获的却可能是空虚与自卑。太容易得到的东西,往往不会令人珍惜,也无法从奋斗中获得自信。一个人只有通过自己的努力战胜困难,跨越挫折,才能赢取自尊,拥有真正的自信。

有一个美国人威廉·克诺德斯德,写过一本书《苦酿百威》,讲的是关于财富与权力、华丽与陨落的故事,非常值得家族企业创始人考虑让下一代接班时看一看,思考一下:下一代对所做的事业是否抱着好奇和热情?

百威在创始家族安海斯·布希的执掌下,历经了五代掌门人更迭,布希家族最终陨落。奥古斯特三世掷数百万美元,还有大量的时间、精力以及各种人脉关系,为奥古斯特四世摆平他闯下的各种是非。尽管四世为他带来过无数的心痛和困扰,始终令他失望、焦虑、火冒三丈,他却依然相信自己的儿子。在除了奥古斯特四世本人和他的团队外,没有人认为奥古斯特四世具备接管公司能力的前提下,奥古斯特三世依然坚决地将公司经营的大任交到四世手上。奥古斯特四世在担任 CEO 后,只是执着于如何获得父亲的认可,在接受《华尔街日报》的采访时坦承:"我认为如果自己在事业上一无所成,最终连他的尊重都很难获得。"最终百威被英博收购。书中奥古斯特四世一位老友这样描述四世:"时至今日,奥古斯特对他的家族、雇员已经没有任何敬意,他对自己也毫无半点尊重了。"一位前高管也说:"奥古斯特三世对四世唯一的期望就是成就,然而他从未实现过自己的愿望。"

奥古斯特三世为四世铺平了掌管百威的道路,却在不知不觉中害了四世。

股市投资与日常工作

在工作选择上,参与股市投资的人,还会遇到一个问题:炒股是否影响工作?

很多人认为炒股与日常工作是矛盾的,认为当投资股市很快就赚钱后,就会没有心思再做别的工作了。当然,我也认为有一部分人会这样。这部分人并没有将股市当作投资,只是将股市当赌场,每天追涨杀跌,天天盯着 K 线图,关注着各种小道消息。这类人不在股市上赌,也可能到其他场所赌,即使不炒股他也没有心思认认真真做一项工作。

也有一部分人，只是利用自己业余时间参与股市投资，对自己的本职工作是喜欢的，工作可以带给他成就感，这部分人并不会认为投资股市与日常工作是矛盾的。股市投资只是他资产配置的一种方式，不会耗费他太多时间。甚至当投资股票的分红都超过了工资收入时，也丝毫不会影响他的工作，因为他享受的是工作带给他的乐趣和满足感，而不是钱本身。

其实对很多年轻人来说，一开始资金非常有限，年轻时结婚、买房、小孩出生，都需要用钱。因为没什么本金，资金靠利滚利积累，在早期是很难积累下多少财富的。更现实的方式是，通过工作获取收入的快速增长，并将其中的一部分资金源源不断地补充进股市投资中。

事业（建立在兴趣基础上的主动收入）投资（不断自动增长的被动收入）两不误，这是非常幸运、美好的收入方式。

还有另一类人，投资了股市后，发现自己热爱投资，而且擅长。也许他对自己的工作并不满意，甚至厌倦，那么此时他完全可以辞掉工作，而将投资作为全职工作。即使工作不算讨厌，但进入股市后发现自己更擅长、更有兴趣的是股市投资，也可以选择放弃原来的工作，专职股市投资。

有部分人虽有心如此，但不敢付出行动，不敢的原因并不是他担心辞去原有工作后经济收入的问题，而是观念的问题。在农业社会，商人的地位不高，社会上往往看不起商人，会认为商人是不务正业。中国目前是现代市场经济社会，已经不会看不起商人这个群体了，但仍有很大一部分人，认为从事投资不是一个真正的职业，尤其认为从事股市投资的人是不务正业。会有这种认知的原因之一是有部分人把股市当成了赌场，原因之二是没有认识到股市的作用。

我相信没有人会否认融资对企业发展的重要性。资金对企业就像血液对人体一样是不可或缺的，企业要发展、要扩大再生产就离不开生产资本。除了创始人投入的资金和企业经营中沉淀下来的资金外，企业发展大概率是需要融资的。

企业融资分为直接融资和间接融资。间接融资是指资金盈余单位与资金短缺单位之间不发生直接关系，而是分别与金融机构发生一笔独立的交易。简单地说，间接融资主要就是银行贷款。

直接融资是没有金融机构介入的资金融通的方式。在这种融资方式下，一定时期内，资金盈余单位通过直接与资金需求单位协议，或在金融市场上购买资金需求单位所发行的有价证券，将货币资金提供给需求单位使用。商业信用、企业发行股票和债券，以及企业之间、个人之间的直接借贷，均属于直接融资。

企业通过上市发行股票、增发股票，以及上市公司发行债券，是企业直接融资的最主要方式。相对于间接融资，直接融资的筹资成本较低，有利于资金快速合理配置和提高使用效益。所以，股市对企业的最主要作用是募集企业发展的资金。股市把社会存量资金集中起来，提高社会资金的使用效率，从而达到资源的优化配置。投资者对社会的意义就是通过购买股票实现参股投资,参与了企业生产要素的组合,参与了资源配置,推动了经济发展,同时也分担了企业经营风险。投资者拥有一定数量的股份后甚至可以达到控股一家公司,影响一家公司的经营的能力。股市对投资者的意义,在于投资者分享了上市公司业绩增长带来的红利,让资金的当前使用价值获得一份未来的回报。

因此如果热爱投资、擅长投资,完全可以做职业投资人,这也是一份很好的工作,是对社会有贡献的。投资做得好,同样令人尊敬。在这个领域,巴菲特是很多投资人的偶像,他极度享受工作带给他的乐趣,每天跳着踢踏舞上班。

2006 年 6 月,巴菲特宣布将 1,000 万股左右的伯克希尔·哈撒韦公司 B 股捐赠给比尔及梅琳达·盖茨基金会,这是美国有史以来最大一笔慈善捐款。

2020 年 1 月 2 日,福布斯发布 2019 年最大慈善捐赠,沃伦·巴菲特以价值 36 亿美元的股票捐赠排名第 2。

2020 年 2 月 26 日,沃伦·巴菲特以 7,100 亿元财富位列 "2020 胡润全球富豪榜" 第 4 位。

大家要清楚哪个工作能让自己带来乐趣和获得极大满足感。如果投资是乐趣,那么投资就可以是本职工作,投资跟工作完全不矛盾。投资是工作的一种,但赌博很难说是工作,甚至赌博赚到钱也不能说是工作,至少不是一个光彩的工作。

总的来说，选择工作时需考虑三点：一是工作兴趣排第一；二是做自己擅长的事；三是享受工作，并从中获得满足。

我们在思考工作选择时，首先要考虑以下这几个问题：对所做的事业是否抱着好奇和热情？能否让自己几十年如一日地努力工作？能否在工作中不断提高自己？工作能否给自己带来尊严，给社会带来好处？

人生没有钱是万万不能的，但钱只有附着在其他东西上，才会让你的人生更有意义。

能确定自己的激情所在，并为之奋斗，这是幸运的人生。

学会投资，更从容地面对
"上有老下有小"

2001 年，我 30 岁，那时候已赚了一点钱，在老家县城买了房子结了婚。但我在上海工作，妻子在老家担任小学教师，夫妻分居两地。那时候的我就遥想，如果 40 岁时能实现财务自由，该有多好。其实那时候想的财务自由也是非常粗浅的——只要钱够养活一家，只要夫妻不分居两地，甚至是钱够我回到老家生活，不需要再出门打工，可以做点简单工作，吃着粗茶淡饭，也算财务自由了。

时间来到 2011 年时，我其实算是达到了 10 年前的财务自由目标。此时我的工作地点已从上海转至广州，又从广州转至南京。妻子在 2004 年已辞去小学教师的工作，陪在我身边，成为全职太太。我们后来不仅将广州的房子卖了，连老家县城的房子也卖了。这时候，女儿出生了，已经不太可能去享受 10 年前想的、回到老家吃粗茶淡饭的生活了。

后来，女儿上了学，有一次学校要填一个表格，表格上有父母的职业，我们夫妻俩就开玩笑，总不能在父母栏上填写：母亲失业在家，父亲待业在家。夫妻俩都不工作，无论经济上是否能承担，在精神状态上也是不能接受的。当然，因为我们在南京生活，又需要在南京买房，加上女儿上学后各种培训班的开支，显然我们攒的钱也无法承受夫妻俩都不工作。

2011年有一本书《富爸爸穷爸爸》出版，我看了这本书后很有感触。一方面是因为作者的很多想法能引起我共鸣；另一方面我以前有关财务自由、有关投资的想法比较零散，这本书让我重新系统地开始规划自己的理财、投资计划。我开始看更多的有关金融、投资方面的书，确定将投资作为下半辈子的主要成长方向。

在伴随女儿成长，培养女儿财商的过程中，2013年，我自己也从一家工作了近15年的企业中辞去了高管的职位，开始让钱为我"工作"，拼"睡"后收入。

熊培云在《自由在高处》一书中说过："一个人，在他的有生之年，最大的不幸恐怕不在于曾经遭受了多少困苦与挫折，而在于他虽然终日忙碌，却不知道自己最适合做什么，最喜欢做什么，最需要做什么，只在送往迎来中匆匆度过一生。"

辞职后的我，一开始有些茫然。首先是每天不用去上班了，表面看是有了大量的时间，实际上是感觉时间过得很快，一天下来毫无成就感。不像以前上班，总有很多事情需要解决，感觉一天之内做了许多事情。一段时间后，我调整了自己的心态，开始每天看投资方面的书籍。在看书的同时不断加大资金进入股市，通过股市中的实践，不停地验证、思考，两年后建立了自己的投资体系，并在实践过程中不断修正自己的投资体系。当自己感觉对股市投资已比较有把握后，我把卖别墅得到的钱也大部分投入了股市。

我看过的投资相关书籍包括：本杰明·格雷厄姆的《聪明的投资者》，约翰·S. 戈登的《伟大的博弈》，彼得·林奇的《战胜华尔街》，霍华德·马克斯的《投资最重要的事》，马克·泰尔的《巴菲特与索罗斯的投资习惯》，罗伯特·哈格斯特朗的《巴菲特之道》，彼得·考夫曼的《穷查理宝典》，菲利普·A. 费舍的《怎样选择成长股》，艾丽斯·施罗德的《滚雪球》，沃伦·巴菲特的《巴菲特致股东的信》，劳伦·C. 邓普顿和斯科特·菲利普斯的《邓普顿教你逆向投资》等。

幸运的是，截至 2019 年末，辞职 6 年后，我的持仓股市值已是初始投资额的 3.5 倍，浮盈已超过我之前 15 年职业生涯拿到的所有工资。除了股市投资外，我还作为创始人参与投资了两家企业，虽然企业规模还比较小，但创立的第一家企业"元兴红"已成功活过了 6 年。"元兴红"的理念与我的投资理念是一致的，"元兴红"只卖原产地的正山小种红茶，以后即使扩大，也只会经营无农药残留、无香精、无重金属超标的安全红茶，不会去投机，不会扩充到黑茶、绿茶等其他茶叶品种。就如我股市中的投资原则，只专注于了解自己能力范围内的几家上市公司，买入和卖出限制在这几只股票以内，在公司基本面没有恶化的前提下，坚定地长期持有。

经历了短暂的迷茫后,我有了明确的目标:我下半生的目标就是成为一名优秀的投资人。投资分为两部分,一方面是证券投资,其中证券投资以股市投资为主;另一方面是投资实体企业,投资实体企业是以更长的周期来获取收益。

因为我的股市投资体系注重长期投资,所以寻找的是拥有具备良好市场潜力的产品或服务,公司销售额至少在几年之内能够大幅增长的公司,之后会关注投资的公司正在发生什么变化。平时我除了阅读书籍外并没有太多的事要干,因此,在投资股市之外,我还有一些精力再参与实体企业的创业型投资。

实体企业投资对我的证券投资也是有帮助的,让我更能从企业家的角度看待我投资的股票。这样我每天过得非常充实,大部分时间也能自己把控。之前的打工生涯,大部分时间都是被别人控制的。在接近 20 年的打工生涯中,我从来没有休过年假,虽然也到过很多地方,但都是工作出差,并不能好好地游玩。辞职后,我安排了租车西藏游,每年暑假也陪孩子出去旅游。父母年龄大了,回老家居住后,我每年还能回老家陪伴他们一段时间。他们到南京,我也能陪他们到处走走。陪伴父母和孩子的时间,明显比以前多了。

最近两年,父亲得了阿尔茨海默病,疾病让他痛苦不堪,陪伴他的家人也是身心俱疲。在父母衰老生病后,我才真正体会到什么叫"上有老下有小",父母需要照顾,孩子也需要照顾。父亲没生病前,父母不仅不会拖累我们,还会在照顾孩子方面提供一些帮助,那时候说"上有老下有小"，其实有些无病呻吟。等到父母需要我们照顾，而孩子还未成年时，感触就完全不一样了。如果这时候我还要每天上班打卡，甚至还面临被公司辞退的风险，那就真的要面临中年危机了。

中年危机不仅是时间安排上的危机，经济上也会遭遇很大的危机。一方面是孩子学习上的开支；另一方面，父母生病支出更是很大的一笔开支，像我的父母都是农民，并没有养老保障。如果此时自己的身体健康再出现一些问题，就非常可怕。

我以前打工时，虽然工资不算低，但因为我换了几个城市生活，因此余钱只够几年换一套房子，经济上并不宽裕。现在每年商铺的租金、每年股市的分红，加上创办的企业也每个月给自己开点工资，足够我们一大家人生活。甚至股市分红的钱还可以再投资，股票账户上的市值 6 年来也翻了几倍。我辞职以后，经济上反倒开始感觉宽裕起来，而且可预期的是，商铺的租金收入基本可以持平于通货膨胀，股票账户上的市值会越来越高，创办的企业也在一天天成长。

我们要想获得收入，总的来说有三类方式：A. 用自己的劳动；B. 用房产、土地；C. 用自己的资本。A 方式，用劳动取得的收入，也就是工资。这是我 20—40 岁间主要的收入，40 岁以后，我已很少依靠劳动收入，虽然在自己公司也有一部分收入属于劳动收入，但比重很小。A 类收入也是我最开始培训女儿给我按摩、做家务的收入。B 方式，因为我国土地不属于私有，一般人很难获得土地方面的收入。当然,农民在自己的土地上种植农作物,在扣除种子、化肥、租农业机械或耕牛的费用后得到的收入,就包含了土地的收入和自己的劳动收入,农民之外的其他人基本没有土地收入。对城市人来说,B类收入主要就是房产收入,我商铺出租的收入,正是房产带来的收入。C方式,用资本带来收入,这是我自己40岁以后的主要收入方式。创立企业与证券投资都可归为资本收入,当然这个收入也需要自己的劳动。A类方式受年龄、劳动能力影响很大,B、C方式是本书讨论的重点,是孩子财商教育的重点。

我们追求财务自由,要避免天天幻想"自由",却不为实现财务目标真正努力。另外我们要意识到,追求财务自由过程中,要明白财务是手段,自由才是目的,需要学会放下财富继续增长、欲望同步膨胀的枷锁,来获得身心自由。有了财务基础,才能让我们更自在地享受生活,可以做自己喜欢的事,无须为了钱逼迫自己从事不喜欢的工作。财商好的人,有经济理念,在情感、时间上的付出都有自己底线,绝不透支自己,让自己陷入痛苦。

有一个放水的水龙头,比有一缸水重要,这就是拥有财商与财产的区别,后者越用越少,前者用完了还能再来。

本书中讨论了一些投资,但我们要清楚,无论哪种投资,能做的最好投资是自我投资。多读书、多学习是自我投资的重要手段。我跟女儿之间的游戏,也正是对女儿学习的投资。

避免富不过三代,不仅是为了财富的传承,更重要的是为了理念的传承，也是为了当某天我们需要子女搀扶、子女也需要肩负起责任时，他们有能力做得更好。

写这本书的过程，让我得以安安静静地坐下来，享受了回顾人生中陪伴女儿成长的美好时光。这是我写这本书获得的最大欣慰。

感谢孙小野、郝鹏、贾博涵的信任与支持，能让我这个毫无专业背景，也没辉煌履历的普通人，写下的这本记录培养自己孩子财商过程的书得以出版。